十大羊病诊断及防控图谱

马利青　主编

中国农业科学技术出版社

图书在版编目（CIP）数据

十大羊病诊断及防控图谱 / 马利青主编 . —北京：中国农业科学技术出版社，2015.1
（十大畜禽病诊断及防控图谱丛书）
ISBN 978-7-5116-1862-7

Ⅰ . ①十…　Ⅱ . ①马…　Ⅲ . ①羊病—防治—图谱
Ⅳ . ① S858.26-64

中国版本图书馆 CIP 数据核字（2014）第 245151 号

责任编辑　闫庆健
责任校对　贾晓红

出 版 者　中国农业科学技术出版社
　　　　　北京市中关村南大街 12 号　邮编：100081
电　　话　（010）82106632（编辑室）（010）82109704（发行部）
　　　　　（010）82109709（读者服务部）
传　　真　（010）82106625
网　　址　http://www.castp.cn
经 销 者　各地新华书店
印 刷 者　北京昌联印刷有限公司
开　　本　787 mm × 1 000 mm　1/16
印　　张　3. 75
字　　数　71 千字
版　　次　2015 年 1 月第 1 版　2015 年 1 月第 1 次印刷
定　　价　19.80 元

十大羊病诊断及防控图谱

编　委　会

主　　编：马利青

副 主 编：才学鹏　窦永禧

参编人员（按照姓氏笔画排序）：

王戈平　王光华　叶成玉　李秀萍

邱昌庆　张西云　张德林　陆　艳

逯忠新　储云峰　蔡进忠　蔡其刚

主编简介

马利青，1967年03月生；青海省民和县人；1989年7月毕业于青海畜牧兽医学院兽医系兽医专业，获农学学士学位；毕业后分配至青海省湖东种羊场，从事羊病防治工作；1993年调入青海省畜牧兽医科学院；2000~2002年在甘肃农业大学“预防兽医学”研究生班学习；2003年作为日本JICA的高级访问学者，前去日本国家原生动物研究中心进行“高级原生动物疾病”的研修，回国后继续开展相关研究；2013年9~12月受国家留学基金委的派遣，前往美国犹他州大学学习，现任青海省畜牧兽医科学院兽医生物技术研究室主任、研究员、研究生导师，国家绒毛用羊产业技术体系岗位科学家。

主要从事动物疫病的诊断和防治工作，先后主持和参与了科技部国际合作项目、农业部948项目、国家外国专家局“外专千人计划”等30余项省部级项目；研发了犬新孢子虫、弓形虫、隐孢子虫和马巴贝斯虫4种ELISA诊断试剂盒；发表论文140余篇；获得科研成果20余项。

前　　言

该图谱着眼于基层，力求实用。在内容方面包括疾病病原或病因、典型症状和图片、诊断要点、防治措施和诊疗注意事项。这些内容对临诊兽医工作者和饲养管理人员来说都是应当掌握的，其中，诊断要点和防治措施更为重要，是每个疾病诊疗的重点。典型症状包括对疾病诊断有帮助的一些较重要的症状和眼观病理变化，图片也都是比较典型的，能够说明问题。因此，本书的特点是简明扼要，图文并茂，重点突出，容易掌握。在编辑过程中部分基层兽医站的技术人员也提供了一些非常宝贵的临床照片，在此致谢！

由于时间仓促，加之编者水平有限，错误和缺点在所难免，恳请广大读者提出宝贵意见。

马利青

2014 年 8 月

目　录

一、小反刍兽疫

（一）临床症状

小反刍兽疫又称羊瘟或伪牛瘟，是由小反刍兽疫病毒引起绵羊和山羊的一种急性接触性传染病。潜伏期 4~6 天，发病急，体温达 41℃以上，持续 3~5 天。起初病羊眼结膜充血肿胀，眼、口、鼻腔分泌物增多，逐步由清亮变成脓性；口腔黏膜弥漫性溃疡和坏死。后期出现肺炎症状，呼吸困难并伴有咳嗽，水样腹泻并伴有难闻的恶臭气味，最后为血便，脱水衰竭死亡。发病率 90% 以上，死亡率 50%~80%，羔羊发病率和死亡率均为 100%。

（二）剖检变化

结膜炎，口腔和鼻腔黏膜大面积糜烂坏死，可蔓延到硬腭及咽喉部；瘤胃、网胃、瓣胃很少出现病变，皱胃和肠管糜烂或出血，在盲肠和结肠接合处有特征性线状出血或斑马样条纹（不普遍发生）；淋巴结肿大，脾脏肿大并有坏死；呼吸道黏膜肿胀充血，肺部淤血甚至出血，表现支气管肺炎和肺尖肺炎病变。

（三）诊断要点（临床实践）

以高热、眼鼻大量分泌物、腹泻、肺炎、高发病率和高死亡率为特征，发病无年龄和季节性，呈流行性或地方流行性。注意与羊传染性胸膜肺炎、巴氏杆菌病、口蹄疫和蓝舌病相区别。羊传染性胸膜肺炎病变主要为胸膜肺炎，而无黏膜病变和腹泻症状；巴氏杆菌病以肺炎及呼吸道、内脏器官广泛性出血为主，无口腔及舌黏膜溃疡和坏死；口蹄疫以口鼻黏膜、蹄部和乳房处皮肤发生水疱和糜烂为特征，无腹泻和肺炎症状；蓝舌病由库蠓等吸血昆虫传播，多发生于库蠓活动的夏季和早秋，在乳房和蹄冠出现炎症但无水疱病变，而小反刍兽疫无季节性且无蹄部病变。抗体用竞争 ELISA 法检测，病毒检测用 RT-PCR 或病毒分离培养方法。

（四）病例参考（病例对照）

用两组图片说明，A 组（A1~A5）为临床症状，眼鼻分泌物增多，口腔黏膜坏死脱落，腹泻，最后脱水衰竭死亡。B 组（B1~B5）为剖检变化，全身淋巴结肿大，肺淤血出血，肠出血，脾肿大并有坏死。

图 A1　眼鼻部分泌物增多

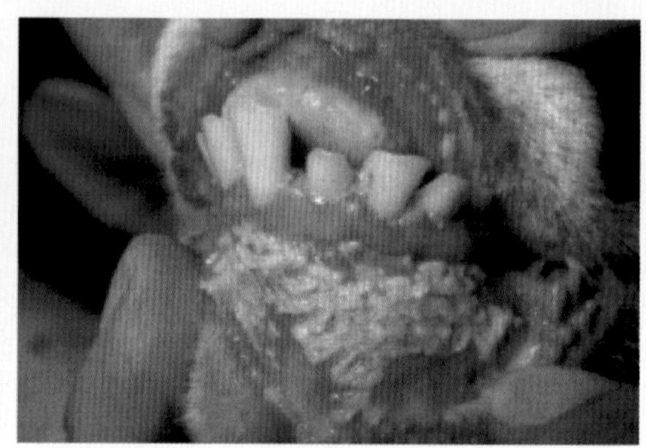
图 A2　口腔黏膜坏死脱落

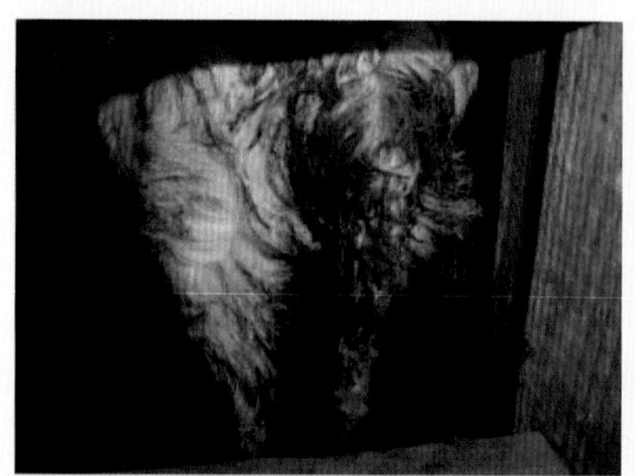
图 A3　腹泻

图 A4　衰竭死亡

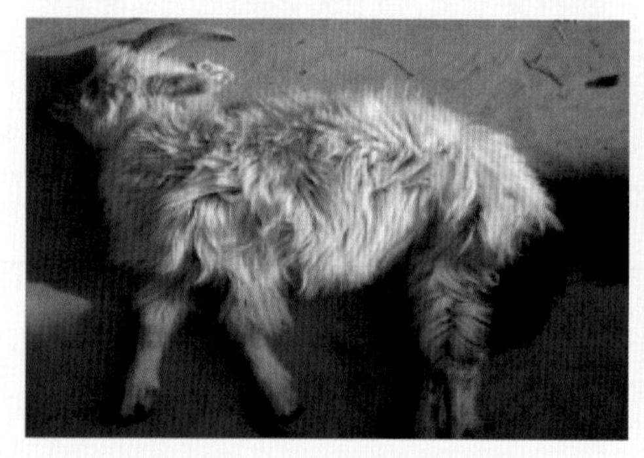
图 A5　尸体脱水、尾部污秽

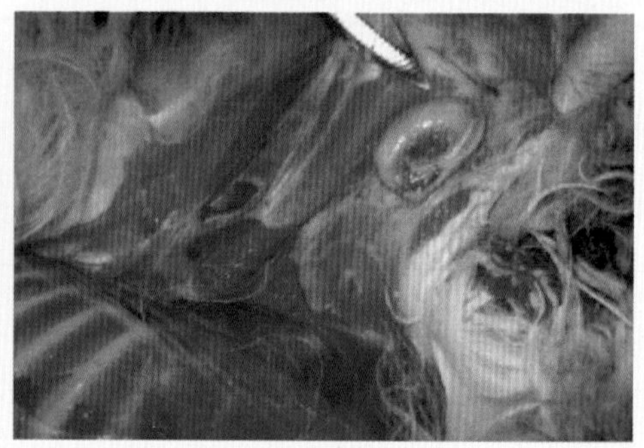
图 B1　腹股沟淋巴结肿大

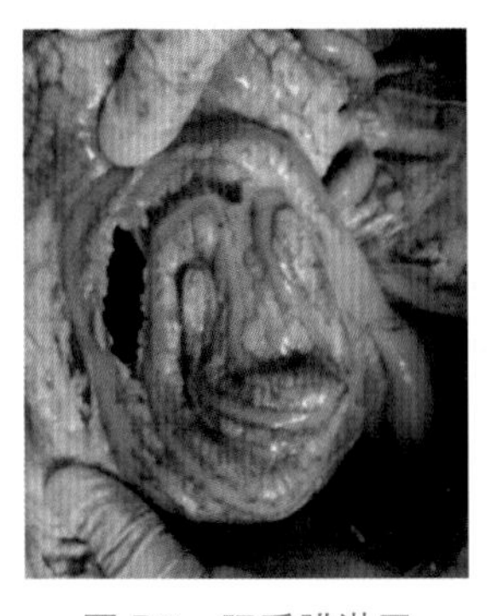
图 B2　肠系膜淋巴结肿大

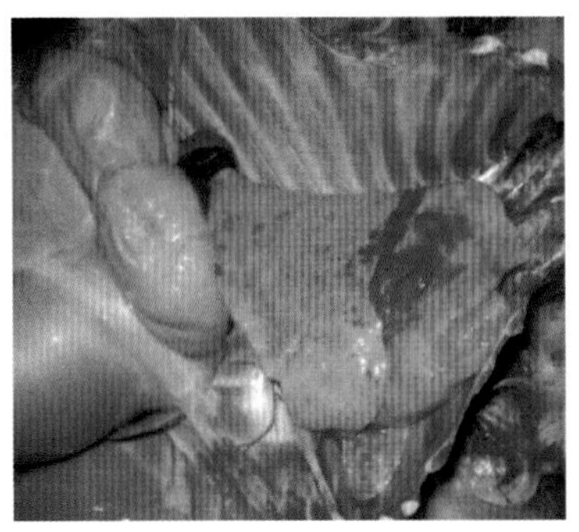
图 B3　肺淤血、出血

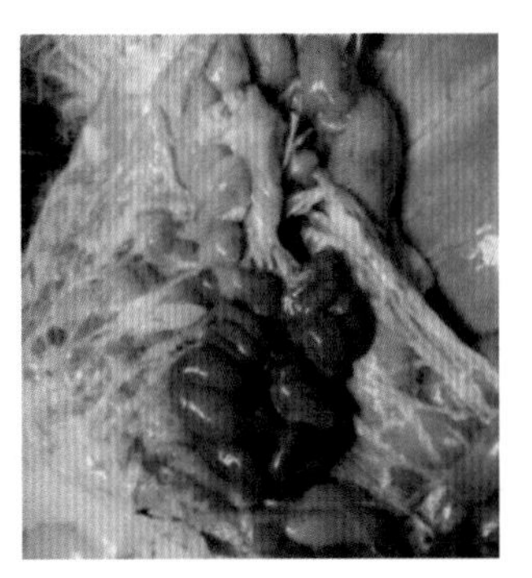
图 B4　肠管出血

（五）防控措施

（1）疫苗接种可有效预防

目前，临床使用的疫苗为小反刍兽疫病毒弱毒疫苗，免疫保护期达 2 年以上，能交叉保护各个群毒株的攻击感染，但热稳定性差，运输和注射时应特别注意。

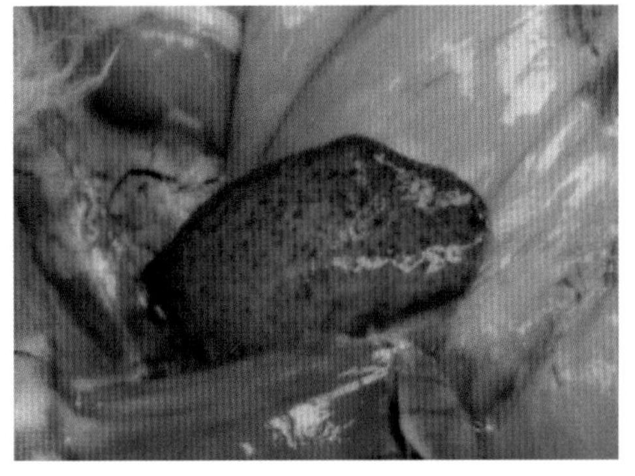
图 B5　脾肿大并坏死

（2）发生疫情后

立即启动动物疫病防控应急响应机制，按规定依法执行隔离、封锁、扑杀、消毒、紧急免疫等措施，力求把疫情控制在最小范围内消灭，避免疫情扩散，将损失降到最低。

（中国农业科学院兰州兽医研究所　窦永喜，才学鹏供稿）

二、口蹄疫

（一）临床症状

潜伏期一般 2~3 天，最长为 21 天。病羊体温升高到 40~41℃，食欲减退，流涎，1~2 天后在唇内、齿龈、舌面等部位出现米粒、黄豆甚至蚕豆大小的水疱，或仅在硬腭和舌面出现水疱且很快破裂。绵羊舌上水泡较为少见，仅在蹄部出现豆粒大小的水疱，须仔细检查才能发现。如无继发感染，成年羊在 10~14 天内康复，死亡率 5% 以下；羔羊死亡率较高，有时可达 70% 以上，主要因出血性胃肠炎和心肌炎而死。

（二）剖检变化

特征病变是在皮肤和皮肤型黏膜形成水疱和烂斑。绵羊的水疱仅发生于齿龈，较小，发生与消失都快，舌多不受害，但蹄部水疱明显，有时可导致蹄壳脱落。与绵羊不同，山羊蹄部水疱少见，但口腔黏膜（除舌外）可见米粒或黄豆大小水疱，迅速破裂成为红色烂斑；其次可见下颌等淋巴结肿大。死亡羔羊心脏变化明显，主要表现心内、外膜出血，心包腔积液，心肌柔软，心肌表面和切面散在灰白和灰黄色条纹，俗称“虎斑心”。

（三）诊断要点（临床实践）

口蹄疫发病急、传播快、发病率高，发热，在口腔和（或）蹄部等有明显水疱类病变；全年可发病，以冬春多发；该病应注意与小反刍兽疫、羊传染性脓疱、蓝舌病等相区别。小反刍兽疫眼鼻分泌物多、腹泻且死亡率高，羊传染性脓疱主要在羔羊口唇部出现增生病变，蓝舌病乳房和蹄冠出现炎症但无水疱病变。

（四）病例参考（病例对照）

用两组图片说明，A 组（A1~A5）为羊口腔黏膜包括舌面、齿龈出现水疱及水疱破裂后的溃疡和烂斑；B 组（B1~B2）为羊蹄部水疱及水疱破裂后的溃疡和烂斑。

图 A1　病羊泡沫状鼻液，唇部黏膜出现水疱和溃烂（王超英）

图 A2　齿龈水疱（李冬）

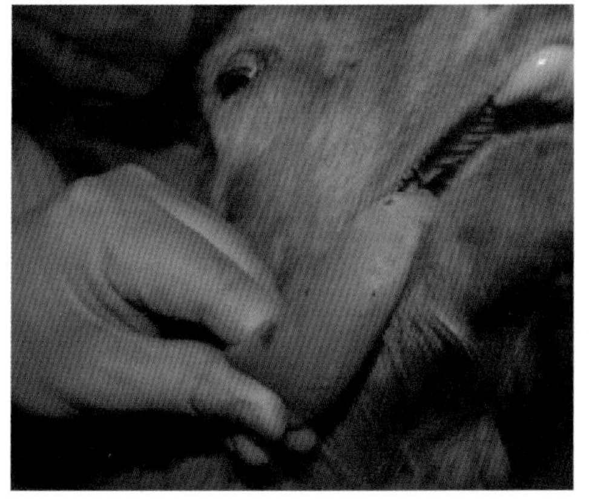

图 A3　羊舌黏膜水疱和溃烂（王超英）

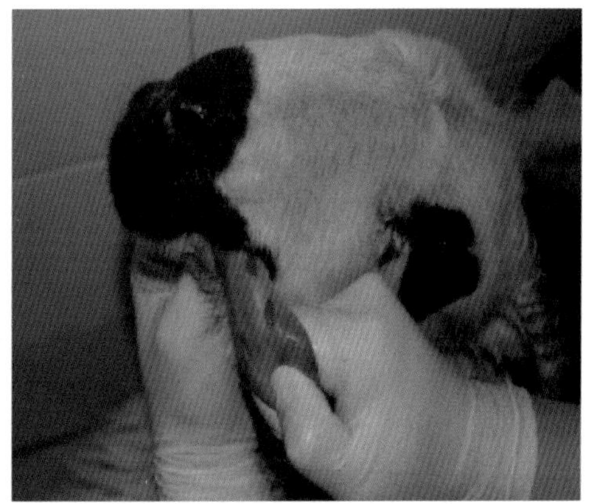

图 A4　羊舌黏膜水疱溃烂（王超英）

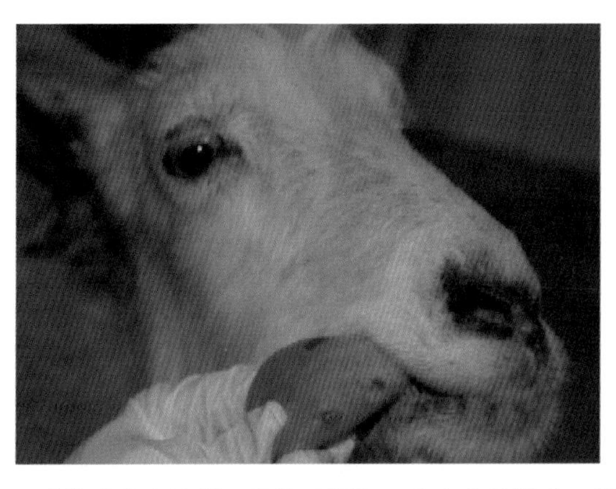

图 A5　舌黏膜水疱溃烂，鼻镜及唇部无水疱和溃烂（王超英）

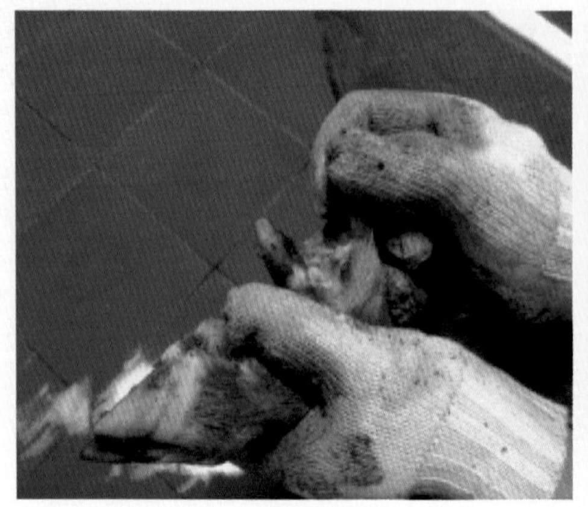

图 B1　蹄部水疱（李冬）

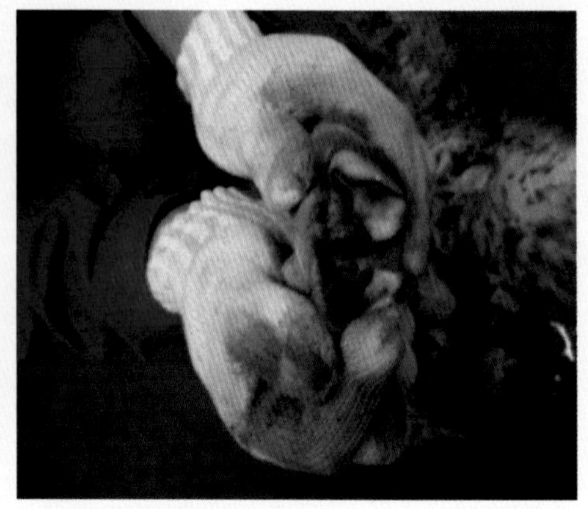

图 B2　蹄部水疱破裂后溃疡出血（李冬）

（五）防控措施

（1）免疫预防

疫苗接种是防控该病的最有效措施。口蹄疫病毒有 7 个型，常见的有 O 型、亚洲 I 型和 A 型，各型又分不同的亚型与毒株，疫苗应与流行毒株相匹配。免疫后必须佩戴免疫标识，建立完整的免疫档案。免疫密度要求 100%，免疫后应做血清抗体监测，群体免疫抗体合格率应在 70% 以上。口蹄疫疫苗免疫期一般为半年。

（2）一旦发生口蹄疫，应及时上报疫情

划定疫点、疫区和受威胁区，实施隔离和封锁措施，严格执行扑杀措施。严格进行检疫、消毒等预防措施，严禁从有口蹄疫国家或地区购进动物、动物产品、饲料、生物制品等。被污染的环境应严格、彻底的消毒。对疫区和受威胁区未发病动物进行紧急免疫接种，一般应用与当地流行毒株同型的病毒灭活疫苗进行免疫接种。

（中国农业科学院兰州兽医研究所　窦永喜，才学鹏供稿）

三、流产类疾病

（一）布鲁氏杆菌病

1. 临床症状

羊发生布鲁氏杆菌病后，主要是以母羊发生流产以及公羊发生睾丸炎和附睾炎且触之局部发热、有痛感为主要特征；该病潜伏期为 14~180 天，母羊发生流产多集中在妊娠后的 3~4 个月。流产前 2~3 天，患羊体温升高，精神沉郁，食欲减退或废绝，阴唇红肿，流出黄色黏液或带血的黏性分泌物；流产时，胎儿多为弱胎或死胎；流产后，阴道持续排出黏液或脓性分泌物，容易引发慢性型子宫内膜炎，以后发情则屡配不孕；个别病羊伴有慢性关节炎或关节滑膜炎，跛行，重症病例可呈后躯麻痹，卧地不起；乳山羊早期会出现乳房炎，触之有小的硬结节，乳汁内有小的凝块。

2. 剖解变化

剖检可见，胎膜呈淡黄色的胶冻样浸润，有出血点，有些部位覆盖有纤维素絮状脓液；胎儿病理变化主要表现在胃肠内有白色或淡黄色絮状物，胎儿和新生羔羊可发生肺炎；在胃肠、膀胱的黏膜和浆膜上有点状或带状出血点或出血斑；皮下和肌肉发生浆液性浸润；淋巴结、脾脏、肝脏肿胀，肝脏中出现坏死灶；脐带肥厚，呈浆液性浸润；个别病羊还有卡他性或化脓性的子宫内膜炎、卵巢炎及输卵管炎；公羊发病时，精囊有出血点和坏死灶，睾丸或附睾内有炎性坏死和化脓灶，个别病例整个睾丸都可发生坏死，慢性型病例，可见睾丸和附睾的结缔组织增生，后期睾丸萎缩。

3. 诊断要点

妊娠母羊第 1 次发生该病，则表现为流产后有胎衣滞留，随后又发生子宫内膜炎，屡配不孕；个别羊只可发生关节炎、关节滑膜炎；公羊睾丸或附睾内有炎性坏死和化脓灶，配种能力下降；有的种公羊也发生关节炎或腱鞘炎等，出现上述症状可初步诊断为羊布鲁氏杆菌病，确诊需做血清学诊断，其中，以平板凝集试验和试管凝集试验为准。

血清学诊断方法主要有虎红平板凝集试验（RBPT）、试管凝集试验（SAT）、

图 1　布鲁氏杆菌病的试管凝集试验操作

全乳环状试验（MRT）、补体结合试验（CFT）；病原学诊断包括显微镜检查：采集流产胎衣、绒毛膜水肿液、肝、脾、淋巴结、胎儿胃内容物等组织，制成抹片，用柯兹罗夫斯基染色法染色，镜检，布鲁氏杆菌为红色球杆状小杆菌，而其他菌为蓝色。

细菌分离培养：新鲜病料可用选择性培养基培养，进行菌落特征检查和单价特异性抗血清凝集试验，为使防治措施有更好的针对性，还需做种型鉴定；如病料被污染或含菌极少时，可将病料用生理盐水稀释 5~10 倍，健康豚鼠腹腔内注射 0.1~0.3 mL/ 只；如果病料腐败时，可接种于豚鼠的股内侧皮下；接种后 4~8 周，将豚鼠扑杀，从肝、脾分离培养布鲁氏杆菌。

4. 病例参考

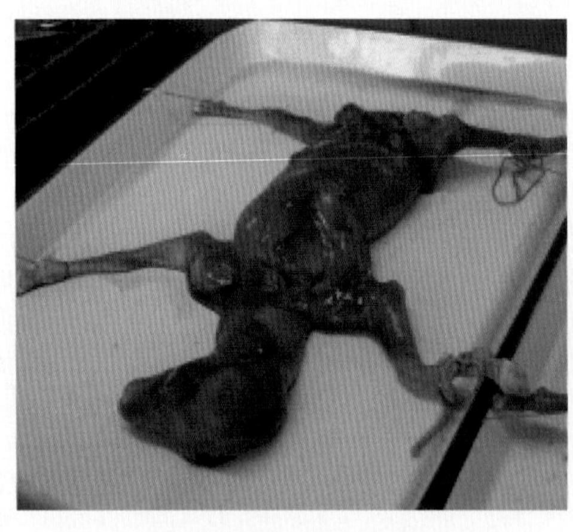

图 2　妊娠后期流产病例

图 3　患羊睾丸肿大，间质炎

5. 防控措施

加强饲养管理：认真清扫羊舍内外的粪便及异物，定期更换垫草，将清扫出的粪便及异物堆放在指定的地方进行消毒和发酵处理；认真执行消毒制度，对圈舍内外用 3% 的火碱溶液、20% 石灰乳进行消毒，并在饲料及水源地用 10% 漂白粉、3% 来苏儿、百毒杀等消毒液轮换消毒；同时，加强妊娠母羊及新生羔羊的营养和护理，注意通风和保暖，保持圈舍干燥卫生。

坚持全进全出的饲养制度：坚持全进全出的饲养制度，若需引进绵羊或山羊，必须进行严格的隔离检疫，不仅要在产地进行认真检疫、复检，还要在引入后，进行隔离饲养、检疫，待一切正常后，方可混入饲养，以防止将病羊带入；一旦检出阳性或疑似羊，必须进行无害化处理。

做好无害化处理工作：一旦发生该病后，必须立即进行隔离，对病羊进行淘汰，对尸体、胎衣和流产胎儿进行焚烧处理；要及时清扫圈舍内外的粪便及异物，将粪便等堆放在指定区域并进行彻底消毒和发酵处理，对圈舍、过道、场内外等用 4% 的火碱溶液、20% 石灰乳进行消毒，并做好饲养工具清洗和彻底消毒工作。

做好免疫接种工作：可用干燥布鲁氏杆菌猪型二号（S2）菌苗，进行免疫接种，该疫苗对绵羊和山羊均有一定的免疫效果，免疫时用生理盐水将疫苗稀释成每毫升含 50 亿个菌，肌肉注射 1 mL。

饲养人员每年要定期进行健康检查，发现患有布鲁氏杆菌病的应调离岗位，及时治疗；接羔人员和疫苗免疫人员要做好个人防护，戴好手套、口罩，处理完毕后使用消毒液清洗手、衣服及可能被污染的部位；布病实验室研究人员要在生物安全柜、P3 实验室严格按着相关的 SOP 程序进行。

加强检疫，引种时检疫，引入后隔离观察一个月，确认健康后方能合群；羊定期预防注射，疫苗有布鲁氏杆菌牛 19 号弱毒菌苗、冻干布鲁氏杆菌羊 5 号弱毒菌苗或猪 2 号弱毒苗，免疫期 1 年；严格消毒，对病畜污染的圈舍、运动场、饲槽等消毒；乳汁煮沸消毒；粪便发酵处理；用健康公畜的精液人工授精或配种，及时淘汰阳性母畜。

（青海省畜牧兽医科学院　马利青供稿）

（二）衣原体病

1. 临床症状

羊衣原体病症候复杂，危害严重的主要有羊地方流行性流产、羊衣原体性肺炎、羊衣原体肠道感染、羔羊衣原体性结膜炎、多发性关节炎等几种疫病。

（1）羊地方流行性流产

是由流产嗜性衣原体（Chlamydophila abortus）感染妊娠绵羊或山羊引起的以发热、流产、早产、死产或弱产为特征的地方流行性传染病。该病可感染人，引起孕妇流产、结膜炎、肺炎、脑脊髓炎等。冬季和春季是该病的高发期。

妊娠各个时期都可发生流产，但以中、后期流产最多，头胎羊及1~1.5岁羊多发。临床表现为体温升高到40℃以上，食欲明显下降，起卧不安，顾腹，阴道流出少量黏液性或脓性红色分泌物，一般无臭味，如果继发感染其他病原，症状加重，并且阴道排出物呈白色，气味恶臭。出现症状后1~3天，发生流产、死产或产下生命力弱的羊羔，弱羔一般在产下2~5天即死亡。流产羊排出出血坏死性胎衣。患病母羊常发生胎衣不下或滞留，有的继发子宫内膜炎。

（2）羊衣原体性肺炎

也称为羊地方流行性肺炎，是一种慢性接触性呼吸道病，以区域流行性经过的间质性肺炎为其主要特征。该病一般感染羔羊。临床表现，突然体温升高并咳嗽，精神抑郁，食欲下降，喜卧地，放牧时离群落伍，出现结膜炎和鼻卡他，鼻孔流出浆液性或浆液纤维素性鼻液；气候正常时，症状可能逐渐缓和或消失；天气异常、降温、饲养管理不当，症状会加重，病羔呼吸困难，流脓性鼻液，常以窒息死亡而告终。

（3）羊衣原体肠道感染

也称为羊衣原体性肠炎。该病一般呈地方流行性、慢性经过，亚临床感染比较普遍，可从其肠道内容物、病变肠道黏膜分离出衣原体。该病的潜伏期长短不一，羔羊比较敏感，如果气候正常，饲养管理细致，无新引进的羊，可能很少发病；反之发病则频繁。主要表现体温升高到40℃以上，腹泻，不食或减食，精神抑郁，脉搏加快，有的发生结膜炎，流泪，脱水，迅速消瘦，治疗不及时多以死亡告终。

（4）羊衣原体性结膜炎

该病也称传染性结膜炎、传染性角膜结膜炎，各种年龄的羊均可感染，但哺乳期羔羊更易感。该病的潜伏期一般在2周左右，结膜炎常为单侧性。临床可见患眼眼睑肿胀，畏光流泪，眼眶周围粘有浆液性或浆液脓性分泌物。有的眼睑高度充血、外翻，眼球被肿胀的瞬膜遮盖，炎症发展，会波及角膜引起角膜炎。

（5）多发性关节炎

潜伏期10~20天，病初精神沉郁，行动无力，放牧时落伍，多个关节感染，则不能行走而卧地。急性期体温往往升高，患关节肿胀，触诊皮肤发热、拒摸躲闪，跛行，弓背站立，健肢负重。羔羊罹病因行动困难，不能自如吃母乳，会很快消瘦。

2. 剖解变化

流产常发生在妊娠后期，胎羔较大，外表多数洁净，少数体表有一层易脱落的土黄色覆盖物。体表有出血斑。脐部和头部等处明显水肿，胸腔和腹腔积有多量红色渗出液，有的有心包积液，有的脑膜出血。肝脾营养不良，气管黏膜有瘀斑，心肺浆膜下出血。绒毛叶部分或全部坏死，绒毛尿囊膜胶冻状水肿，呈革状增厚，出血，上有小结节并布有蛋花样黄色覆盖物。胎羔胎盘子叶变性坏死。组织学检查，绒毛膜上皮细胞内有衣原体包涵体，间质坏死，白细胞增多；母羊子宫、子宫颈及阴道黏膜发炎，其黏膜上皮细胞及固有层白细胞增多，有包涵体；血管周围有广泛的细胞浸润，出现"袖套"现象。子宫内膜有衣原体包涵体，白细胞增多，坏死。

羊衣原体性肺炎，病初呼吸道黏膜有卡他性炎症，鼻黏膜淋巴细胞和白细胞浸润。肺脏发生突变，病灶呈灰红色或深红色。小叶有间质性肺炎、支气管周围炎和血管周炎，气管和支气管有明显的淋巴细胞浸润，细支气管出现"袖套"现象。呼吸道淋巴结肿大。肝脏表面出现坏死灶和枯氏细胞增生。脾脏网状细胞增生。心肌营养不良。病程延长，肺脏肉变加重，肺叶间质水肿。

3. 诊断要点

由于羊衣原体病缺乏特有的临床症状和病理变化，所以该病的确诊，取决于实验室诊断。常见的也可以引起羊流产的病原有布鲁氏杆菌、沙门氏菌、弯杆菌、立克次体、弓形虫、支原体、真菌等。鉴别要点如下。

羊布鲁氏杆菌病：不育率高，且子宫炎发生率高。可依据血清学和细菌学检查排除本病。

羊副伤寒性流产：常因出现脓毒败血症，流产多发生在妊娠的初期，且母羊的死亡率高，羊地方性流产一般发生在妊娠后期，一般不会发生母羊死亡。但两病常混合感染，可以同时分离到沙门氏菌和衣原体。用血清学方法亦可做出初步诊断。

羊弯杆菌病：弯杆菌有特征的形态，通过细菌学检查很容易鉴别。但是羊可混合感染衣原体病和弯杆菌病，用血清学方法检查应查出两种抗体。

羊立克次体病：除了引起流产外，母羊常发生肺炎，表现出呼吸道症状。通过变态反应、病原分离鉴定可以做出鉴别。

羊弓形虫病：通过血清学和细菌学检查排除本病。

羊霉菌毒素中毒：流产胎羔腐败、膨胀，羊水变黑，胎盘坏死。从流产胎衣分离不到病原。

附件：羊衣原体病的实验室诊断

1. 病原学诊断

（1）涂片镜检

当羊群的临床病史和流产胎盘病变的特征符合羊地方性流产时，可以从感染的绒毛膜采样涂片染色，在显微镜下进行病原初步检查。

（2）分离培养

①细胞分离法：用于衣原体分离培养的常用细胞系有 BGM、McCoy、Hela、Vero 和 L 细胞系。使用含 5%~10% 胎牛血清和对衣原体无抑制作用的抗生素（链霉素、卡那霉素、庆大霉素和两性霉素 B 等）的标准组织培养液培养细胞长成单层，然后用于接种病料匀浆，进行衣原体分离。

②鸡胚分离法：将接种物匀浆 0.5 mL 接种于发育良好的 6~7 日龄鸡胚卵黄囊内，37~39℃孵育。在正常情况下，接种后 3~10 日内鸡胚死亡，如果不死，再盲传 2~3 代。

（3）电子显微镜观察

样品中衣原体分纯后，用电子显微镜对其进行超微结构观察，也是进行病原学诊断和鉴定的重要途径之一。

（4）其他方法

①免疫荧光染色法（FAT）：用荧光素标记衣原体特异性抗体，给被检组织涂片染色，荧光标记抗体与衣原体发生反应，在荧光显微镜下，可见绿色荧光出现，如果涂片中无衣原体存在，则不会产生绿色荧光。

②酶联免疫吸附实验（ELISA）：用 ELISA 检查衣原体脂多糖（LPS）抗原（群反应性抗原），能检出所有衣原体种。但是衣原体 LPS 同某些革兰氏阴性菌具有相同表位，会发生交叉反应而出现假阳性结果。如果用特异性 MAbs 研制成 ELISA 试剂盒，可以避免假阳性反应。

③ PCR：鹦鹉热衣原体种特异性（species-specific）PCR，用于检测衣原体的 MOMP 基因区中的靶序列，或用套式 PCR 扩增，可以提高敏感度。

2. 血清学诊断

（1）补体结合试验（CFT）

是一种特异性强的经典血清学方法，用于衣原体病的定性诊断。家畜发生流产一般体温升高，伴有菌血症，应在流产发生时及 3 周后采双份血清，进行 CF 抗体检测，发现补体结合抗体升高，可确诊。

（2）ELISA

本方法比 CF 法快速、敏感，容易操作。

（3）间接血凝试验（IHA）

本方法操作简单，灵敏性和特异性强，适用于大面积普查。

3. 病例参考

图 1 鹦鹉热衣原体人工感染怀孕山羊流产病例，可见胎膜充血、出血。

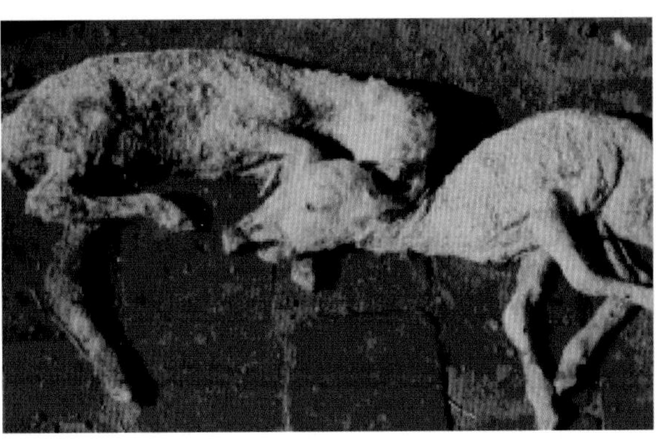

图 2 绵羊衣原体性流产，母羊妊娠后期发病，产死羔，体表有大小不一的出血斑。

图 3 绵羊衣原体性流产：产弱羔，一羔羊两后肢关节肿大（右上），一羔羊卧地，精神不振，无活力。

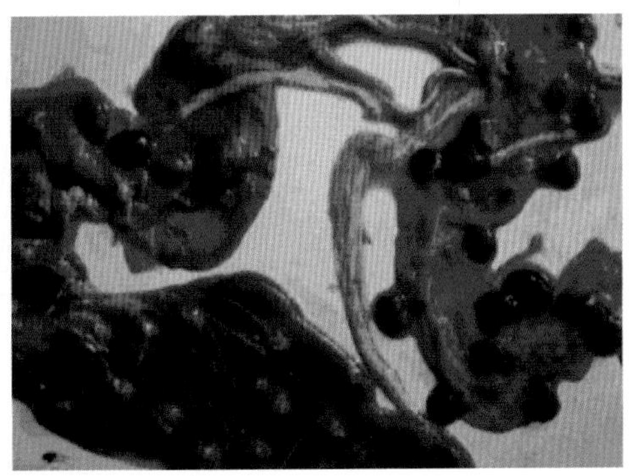

图 4 羊衣原体性流产，胎盘和子叶严重出血、水肿、坏死。

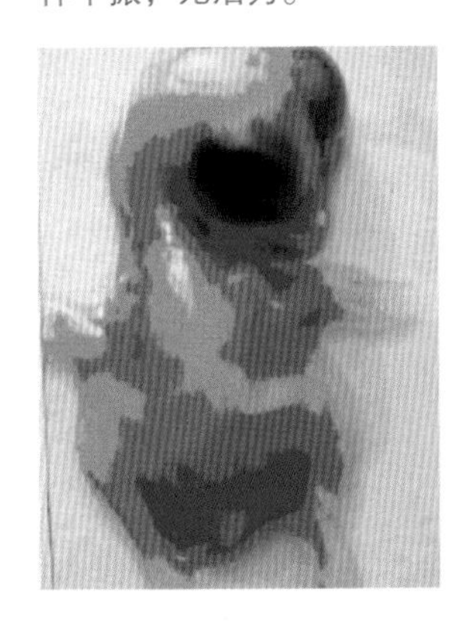

图 5 采羊流产病料接种 7 日龄鸡胚 72 小时后鸡胚死亡，剖检可见死亡鸡胚明显水肿、出血。

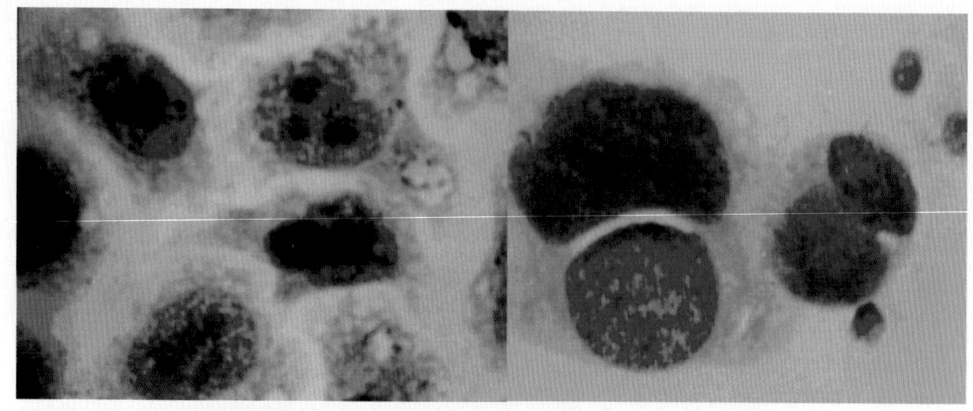

图 6 鹦鹉热衣原体感染细胞后形成包涵体（紫红色）　图 7 包涵体逐渐膨大，细胞核边移、变形。

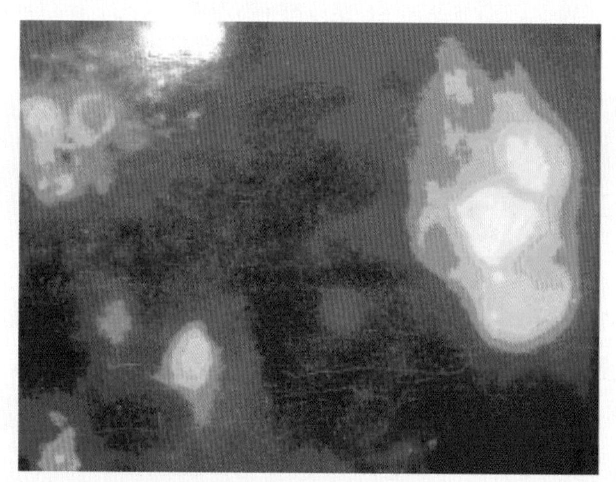

图 8 用免疫荧光试验检测衣原体抗原（绿色光环为阳性反应）

4. 防控措施

（1）加强种羊群检疫

每年春季、秋季，各进行一次检疫，发现阳性畜及时隔离、捕杀、消毒。对种公羊精液进行衣原体 DNA 检测，以确保用于人工授精的精液（包括鲜精、冻精）无衣原体污染。

（2）加强肉用羊场的监测

对从未发生过衣原体病的羊群，每年春季和秋季用衣原体间接血凝试验（IHA）各进行一次监测。按羊群只数 10% 抽样监测；对发生流产或其他疑似衣原体病症状的羊群，随时检测，以排除是否由衣原体感染所致。如果接种过疫苗，不能用常规血清学方法检疫，可加强临床观察，对病疑似病例，通过病原检测进行诊断，对检出的阳性羊，及时隔离治疗和淘汰处理。

（3）疫苗免疫

我国已经研制出羊流产衣原体灭活疫苗。母畜在配种前或配种后 1 个月接种，剂量 2 mL/ 只。

（4）治疗

对确诊病例应及时治疗，鹦鹉热衣原体敏感的常用药物有四环素、土霉素、强力霉素、金霉素、麦迪霉素等，根据药敏实验，选用有效抗生素。

（中国农业科学院兰州兽医研究所　邱昌庆供稿）

（三）弓形虫病

1. 临床症状

大多数成年羊呈隐性感染，主要表现为妊娠羊常于正常分娩前 4~6 周出现流产，其他症状不明显。少数病例可出现神经系统和呼吸系统症状，表现呼吸困难，咳嗽，流泪，流涎，有鼻液，走路摇摆，运动失调，视力障碍，心跳加快，体温 41℃以上，呈稽留热，腹泻等。

2. 剖检变化

流产时，有 1/2 的胎膜有病变，绒毛叶呈暗红色，在绒毛中间有许多直径为 1~2 毫米的白色坏死灶。产出的死羔皮下水肿，体腔内有过多的液体，肠内充血，脑尤其是小脑前部有广泛性非炎症性小坏死点。此外，在流产组织内可发现弓形虫。少数病例剖检可见淋巴结肿大，边缘有小结节，肺表面有散在的小出血点，胸、腹腔有积液。此时，肝、肺、脾、淋巴结涂片检查可见弓形虫速殖子。

3. 诊断要点（临床实践）

病原体检查

①涂片染色检查

生前可用患羊的发热期血液、脑脊液、眼房水、尿、唾液或淋巴穿刺液涂片染色。死后则通常采用肺、肝及淋巴结等脏器进行涂片。上述材料涂片自然干燥后，用甲醇固定 2~3 分钟，瑞氏液直接染色 3~5 分钟，或以姬姆萨液染色 20~30 分钟，水洗干燥后镜检（如图 1）。

②集虫检查

如脏器涂片未发现虫体，可采肺门淋巴结或肝组织 3~5 克，捣碎后加 10 倍生理盐水混匀，用双层纱布过滤，每分钟以500转的速度离心3分钟，取上层液，再以每分钟2000转离心10分钟，取其沉淀物涂片染色镜检，可见月牙如弓形的虫体（如图2，图3）。

③压片及切片检查

主要用于检查慢性或隐性感染的患畜各组织中的包囊型虫体（如图4，图5，图6）。检查时需将病变组织制成切片或压片，染色后镜检。

④动物接种试验

对于未查出虫体的可疑病例，可取其肺、肝、脾及淋巴结等组织研碎后，加10倍生理盐水（每毫升加青霉素1000IV、链霉素1000 μg）混匀，静置10分钟，以其上清液接种于小鼠腹腔，每只接种0.5~1 mL，连续观察20天，若小鼠出现呼吸促迫或死亡，取腹腔液或脏器进行涂片检查。初次接种的小鼠可能不发病，可用同法对小鼠进行连续3代盲传，最终进行结果判定。

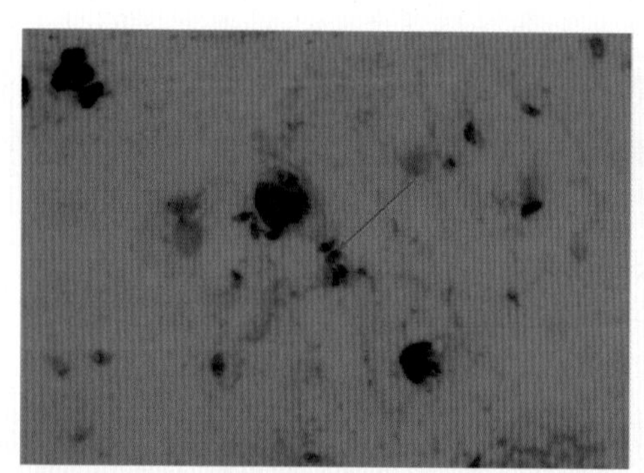

图1（×40）

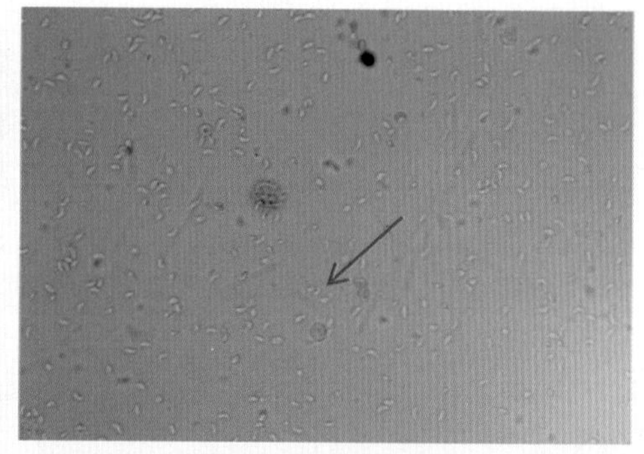

图2（×10）

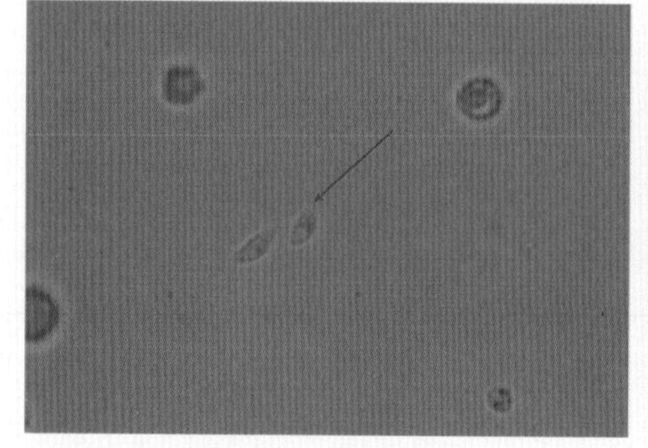

图3（×10）

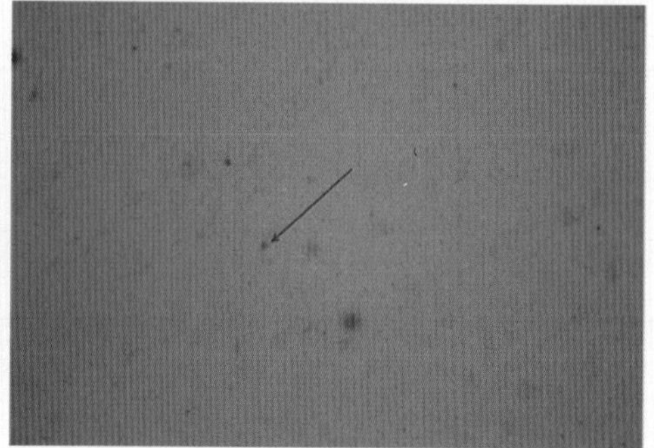

图4（×40）

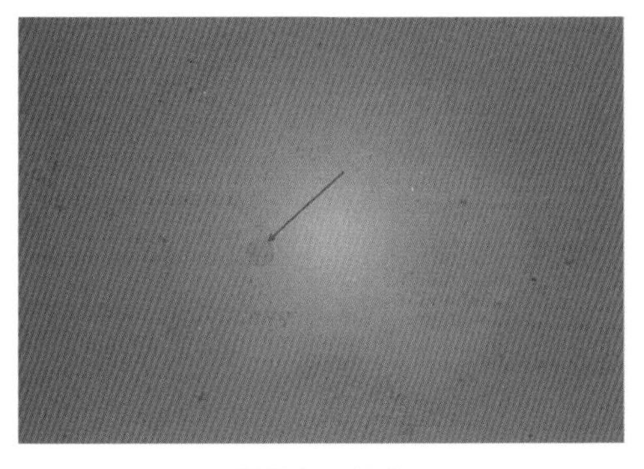

图 5（×40）

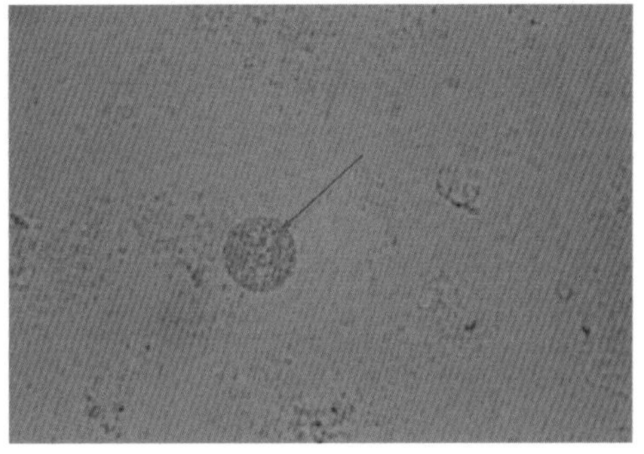

图 6（×100）

4. 病例参考（病例对照）

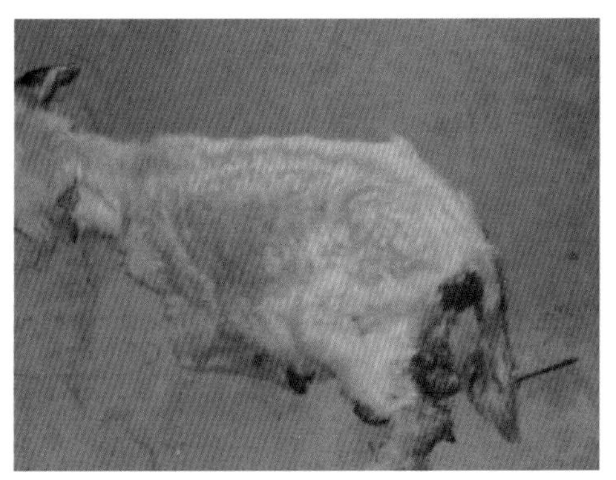

图 7　发病母羊流产，运动失调，不能站立

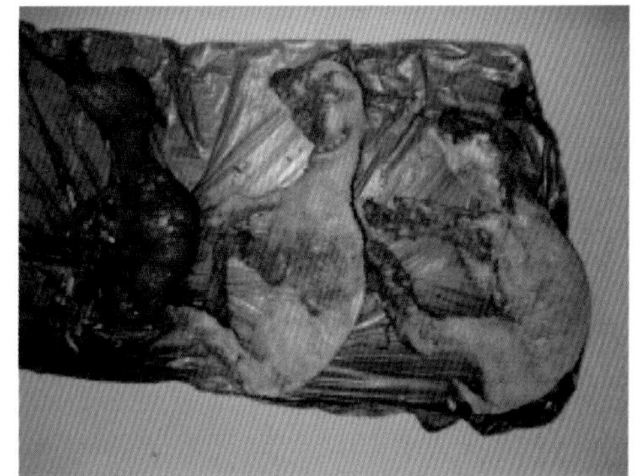

图 8　流产的羊羔以及死胎

（四）防控措施

应做好羊舍卫生工作，定期消毒。饲草、饲料和饮水严禁被猫的排泄物污染。对羊的流产胎儿及其他排泄物要进行无害化处理，流产的场地也应严格消毒。死于该病或疑为该病的尸体，要严格处理，以防污染环境或被猫及其他动物吞食。弓形虫疫苗研究已取得一定的进展，目前，已有弱毒虫苗、分泌代谢抗原及基因工程疫苗的方面研究报道。

对急性病例可应用磺胺类药物，与抗菌增效剂联合使用效果更好，也可使用四环素族抗生素和螺旋霉素等，上述药物通常不能杀灭包囊内的慢殖子。

磺胺嘧啶加甲氧苄氨嘧啶：前者每千克体重 70 mg，后者按每千克体重

14 mg，每天 2 次口服连用 3~4 天。

磺胺甲氧吡嗪加甲氧苄氨嘧啶：前者剂量为每千克体重 30 mg，后者剂量为每千克体重 10 mg，每天 1 次口服连用 3~4 天。

磺胺 -6- 甲氧嘧啶：按每千克体重 60~100 mg；或配合甲氧苄氨嘧啶（每千克体重 14 mg），每天 1 次口服连用 4 次。

（中国农业科学院兰州兽医研究所　张德林供稿）

四、羊梭菌性疾病

羊梭菌性疾病是由梭菌属（Clostridium）中的病原菌引起羊的一类传染病的总称。包括羔羊痢疾、羊猝狙、羊肠毒血症、羊快疫、羊黑疫等疾病。这些疾病以发病急促、病程短暂、死亡率高为特点，而且它们在病原学、流行病学、临诊表现等方面颇易混淆。

（一）临床症状

1. 羔羊痢疾

自然病例潜伏期为1~2天，人工感染则为5~10小时。多为急性或亚急性经过。发病羔羊精神沉郁、低头弓背，进而拒食、喜卧，发生持续性腹泻，排黄色稀便或带血色。后期病羔肛门失禁，脱水、虚弱、卧地不起。病死率可达100%。

2. 羊猝狙

突然发病，常在3~6小时内死亡。早期症状不明显。有时可见突然沉郁，剧烈痉挛，倒地咬牙，眼球突出，惊厥死亡。

3. 羊肠毒血症

突然发生，很快死亡。很难看到症状，或刚发现症状后便死亡。一般在2~4小时内死亡。病羊死前步态不稳，呼吸急促，心跳加快。全身肌肉震颤，磨牙甩头，倒地抽搐，左右翻滚，角弓反张，鼻流白沫，眼结膜和口黏膜苍白，四肢和耳尖发冷，发出哀鸣，进入昏迷状态而死亡。体温一般不升高，病死率很高。

4. 羊快疫

常以芽孢的形式污染土壤、饲草、饲料和饮水，当芽孢经口进入消化道后，在气候骤变、饲养管理不合理、机体抵抗力降低等不良诱因的作用下即可发病。绵羊对快疫最敏感，山羊和应也可感染发病。发病年龄多在6月龄至2岁之间。如果腐败梭菌经外伤感染则引起多种动物发生恶性水肿。

5. 羊黑疫

跟羊快疫、羊肠毒血症极相似，病程极短，多数未见症状突然死亡，少数可延长 1~2 天。病羊精神沉郁，食欲废绝，反刍停止，离群或呆立不动，呼吸急促，体温可升至 41~42℃，卧地昏迷死亡。

（二）剖解变化

1. 羔羊痢疾

肛门周围被稀便污染，尸体脱水严重。真胃内有未消化的凝乳块，小肠尤其回肠呈出血性肠炎变化，有的肠内充满血样物。病程稍长时见小肠或结肠黏膜出现直径多在 1~2 mm 的溃疡，溃疡周围有一出血带。镜检，呈出血性或坏死性肠炎变化。肠系膜淋巴结充血肿大或有出血。实质器官可发生变性或肿大。

2. 羊猝狙

病变主要见于消化道和循环系统。小肠一段或全部呈出血性肠炎变化，有的病例见糜烂、溃疡。由于细菌及其毒素经肠壁进入血液，损伤胸腹腔脏器的微血管，使其血管怒张，通透性增加，故胸腔、腹腔与心包腔中有大量渗出液，浆膜有出血点。肾不软，但肿大。死后 8 小时内，病菌在肌肉和其他器官继续繁殖并引起变化，故尸体剖检延迟的动物，骨骼肌中可见气肿疽样的病变。

3. 羊肠毒血症

肾脏软化，甚至质软如泥，故俗称“软肾病”。组织检查，见肾脏皮质部的肾小管上皮变性、坏死。心包腔、腹腔、胸腔见有积水，心脏扩张，心内外膜有出血点。小肠呈轻度卡他性炎症。胸腺出血。脑膜血管怒张，组织检查，见脑膜与脑实质血管充血、出血，血管周围水肿，脑组织中有液化性坏死。

4. 羊快疫

真胃出血性炎变化明显，黏膜肿胀、充血，黏膜下层水肿，幽门及胃底部见大小不等的出血斑点，有时见溃疡和坏死。肠内充满气体，黏膜也见充血、出血。腹腔、胸腔、心包腔见积水。胆囊多肿胀。如病尸未及时剖检，则尸体迅速腐败，镜检时，在真胃和肠黏膜中可见大量气泡。

5. 羊黑疫

皮下淤血显著，使皮肤呈黑色外观，故名“黑疫”。肝脏肿大，在其表面和深层有数目不等的灰黄色坏死灶，形圆，直径多为 2~3 厘米，常被一充血带所包绕，其中偶见肝片吸虫的幼虫。真胃幽门部和小肠黏膜充血、出血。

（三）诊断要点

在病原、流行病学、症状和病理变化等方面可作为初步诊断参考。

如羔羊痢疾，主要危害 1 周龄内的羔羊，剧烈腹泻，剖检小肠发生溃疡；

羊猝狙，根据成年绵羊突然发病死亡，剖检见糜烂和溃疡性肠炎、腹膜炎、体腔积液；

羊肠毒血症，根据该病突然发生，迅速死亡，散发，剖检所见软肾、体腔积液、小肠黏膜严重出血；

羊快疫，剖检真胃及十二指肠出血性、坏死性炎症；

羊黑疫剖检所见特殊的肝坏死。确诊有赖于病原分离和毒素检查。

（四）病例参考

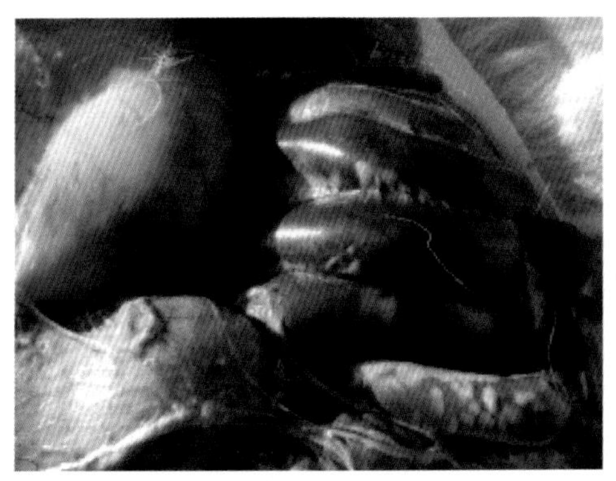

图 1　羊肠毒血症典型的红肠子

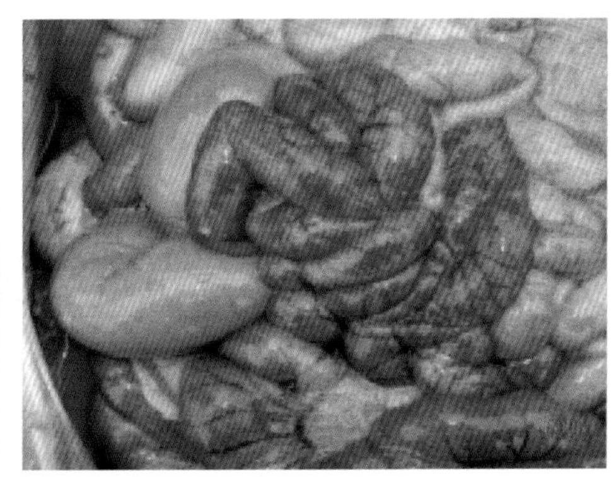

图 2　小肠充盈，肠壁充血

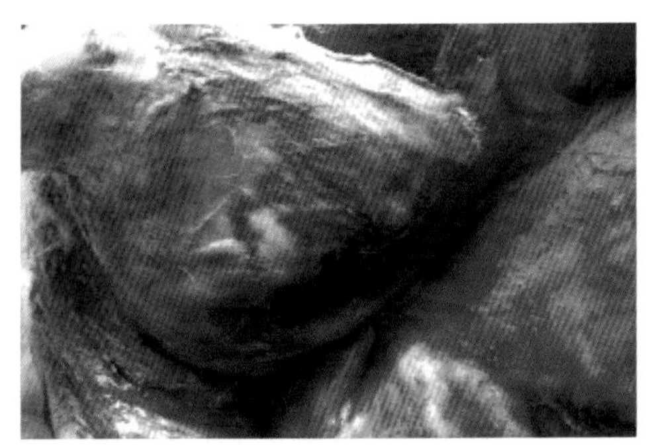

图 3　皮下淤血，呈黑紫色

图 4　典型的羊黑疫肝脏肝片吸虫虫道

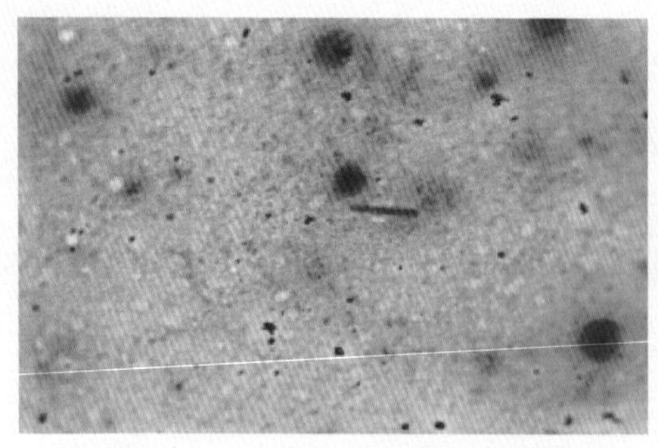

图5　组织片中的B型诺维氏梭菌

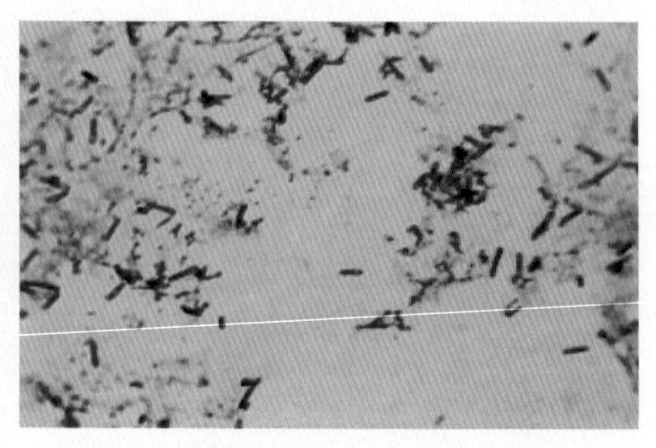

图6　纯培养后的D型诺维氏梭菌

（五）防控措施

在该病常发地区，每年可定期注射1~2次羊快疫、猝狙、肠毒血症三联苗，或羊快疫—猝狙—羔羊痢疾—肠毒血症—黑疫五联苗。

羊梭菌性疾病发病急，病程短，很难见到明显症状即因毒素中毒而死亡，因此，治疗效果多不满意。在发病初期用抗毒素血清可能有一定疗效。羔羊出生后12小时内口服土霉素0.15~0.2 g，每天1次，连用3天，对预防羔羊痢疾有一定作用。做好肝片吸虫病的驱虫工作，有利于控制黑疫的发生。

一旦发生该病，要迅速将羊群转移到干燥牧场，减少青饲料，增加粗饲料，并及时隔离病羊，抓紧治疗。同时要搞好消毒，对病死羊及时焚烧后深埋，以防病原扩散。

（青海省畜牧兽医科学院　张西云　马利青供稿）

五、链球菌病

（一）临床症状

人工感染的潜伏期3~10天。病羊体温升高至41℃，呼吸困难，精神不振，食欲低下以至废绝，反刍停止。眼结膜充血、流泪，常见流出脓性分泌物。口流涎水，并混有泡沫。鼻孔流出浆液性脓性分泌物。咽喉肿胀，颌下淋巴结肿大，部分病例可见眼眼睑、口唇、面颊以及乳房部位肿胀。妊娠羊可发生流产。病羊死前有磨牙、呻吟和抽搐现象。最急性病例24小时内死亡，病程一般2~3天，很少能延长到5天。

（二）剖解变化

以败血性变化为主，尸僵不显著或者不明显。淋巴结出血、肿大，鼻、咽喉、气管黏膜出血，肺脏水肿、气肿，肺实质出血、肝变，呈大叶性肺炎症状，有时可见有坏死灶。大网膜、肠系膜有出血点。胃肠黏膜肿胀，有的部分脱落。皱胃内容物干如石灰，幽门出血和充血肠管充满气体，十二指肠内容物变为橙黄色。肺脏常与胸壁粘连。肝脏肿大，表面有少量出血点。胆囊肿大2~4倍胆汁外渗。肾脏质地变脆、变软，肿胀、梗死，被膜不易剥离。膀胱内膜出血。各脏器浆膜面常覆有黏稠、丝状的纤维素样物质。

（三）诊断要点

1. 现场诊断

依据发病季节、临床症状、剖检变化，可以作出初步诊断。

2. 实验室诊断

采取心血或脏器组织涂片、染色镜检，可发现带有荚膜、多呈双球状、偶见3~5个菌体相连成短链为调整的病原体存在。也可将肝脏、脾脏、淋巴结等病料组织制成生理盐水悬液，给家兔腹腔注射，若为链球菌病，则家兔常在24小时内死亡。取材料涂片、染色镜检，可发现上述典型形态的细菌。同时，也可进行病原的分离鉴定。血清学检查可采用凝集试验、沉淀试验定群和定型，也可用荧

光抗体试验快速诊断本病。

3. 类症鉴别

应与炭疽、羊梭菌性痢疾、绵羊巴氏杆菌病相鉴别。炭疽病羊缺少大叶性肺炎症状，病原形态不同；羊梭菌性痢疾无高热和全身广泛出血变化，病原形态有差别；绵羊巴氏杆菌病与羊链球菌病在临床症状和病理变化上很相似，但病原形态不同，前者为革兰氏阴性菌。

（四）病例参考

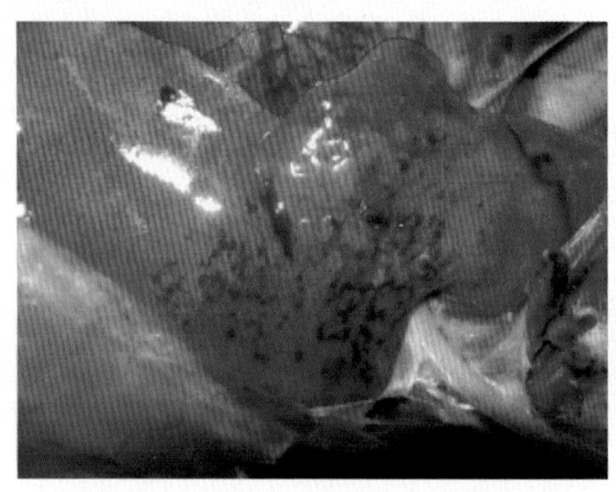

图 1　肺部不规则的点状出血

图 2　肺部大理石样变

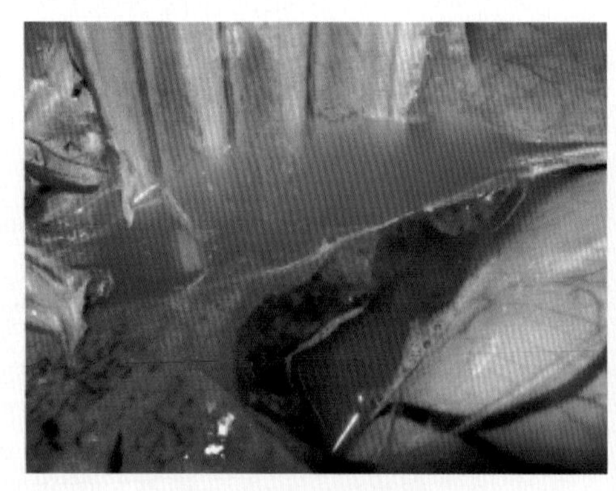

图 3　肺部有多样渗出液

图 4　肾脏水肿，有点状出血点

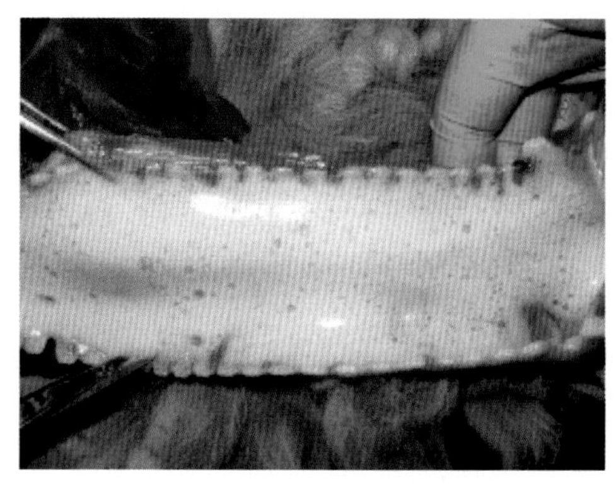

图 5　气管中充满泡沫

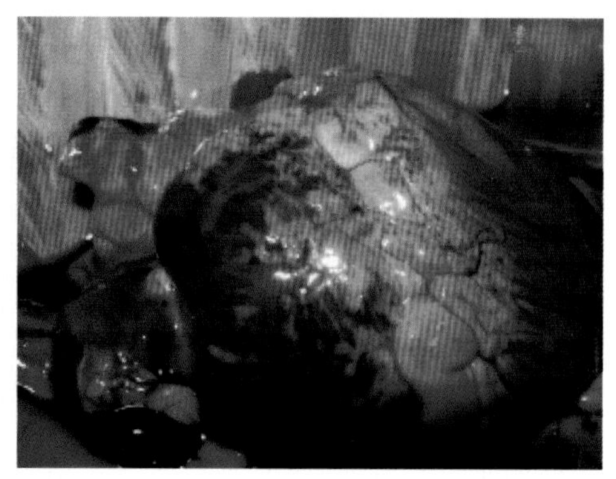

图 6　心脏冠状脂肪出血点

（五）防控措施

预防：疫区每年发病季节到来之前，使用羊链球菌氢氧化铝甲醛苗作预防注射，做好夏、秋抓膘，冬、春保膘防寒工作。发病后，及时隔离病羊，粪便堆积发酵处理。羊圈可用 1% 有效氯的漂白粉、10% 石灰乳、3% 来苏水等消毒液消毒。在该病流行区，病羊群要固定草场、牧场放牧。避免与抗羊链球菌血清有良好的预防效果。

治疗：早期应用青霉素、氨苄青霉素、阿莫西林或磺胺类药物治疗。青霉素每次 80 万 ~160 万 U，每日肌肉注射 2 次，连用 2~3 天；20% 磺胺嘧啶钠 5~10 mL，每日肌肉注射 2 次或磺胺嘧啶每次 5~6 g（小羊减半），每日内服 1~3 次，连用 2~3 天。

（青海省畜牧兽医科学院　陆　艳　马利青供稿）

六、羊　痘

（一）临床症状

潜伏期一般为6~8天，长的达16天；体温骤升至41~42℃；皮肤黏膜出现痘疹，全身均可能发生痘疹，特别是在口唇、尾根、乳房等少毛或无毛的部位最易发现。痘疹开始为红斑，1~2天后形成痘疹。

痘疹有两种变化，一种逐渐变为水泡，如无继发感染，则结痂脱落，如有继发感染，则形成脓疮；另一种直接结痂脱落，痂皮脱后留下疤痕。易感羊群，感染率75%~100%，死亡率10%~58%。

（二）剖解变化

全身皮肤痘疹是最为显著的临床剖检变化。

呼吸系统：咽喉、气管、支气管和肺脏表面出现大小不一的痘斑，有时在咽喉、气管、可见痘斑破溃形成溃疡，而在肺脏可见有大片的肝变区，还可观察到紫红色或黄色圆形痘斑，直径0.3~0.5厘米，心外膜有大头针大小的出血点和较大的出血斑。

消化系统：唇、舌、瘤胃和皱胃黏膜上有大量白色的痘斑，质地坚硬。有时痘斑破溃形成溃疡，在痘疹集中部位皮下可见到不规整的斑点状出血或黄色胶冻样渗出物。真胃、十二指肠、回肠黏膜呈出血性炎症，肠系膜淋巴结水肿。

全身淋巴结，特别是颌下淋巴结、肺门淋巴结高度肿胀，切面多汁，有时可见周边出血；肾脏有多发性灰白色结节出现。

（三）诊断要点

临床诊断：典型的感染会引起牲畜明显的临床症状，根据这些特征可对羊痘病作出初步诊断。

病原诊断方法：病毒的分离鉴定、电子显微镜观察和聚合酶链式反应（PCR）。

血清学方法：琼脂糖凝胶免疫扩散试验、间接荧光抗体试验、病毒中和试验、重组 P32 蛋白作为抗原的 ELISA 方法。

（四）病例参考

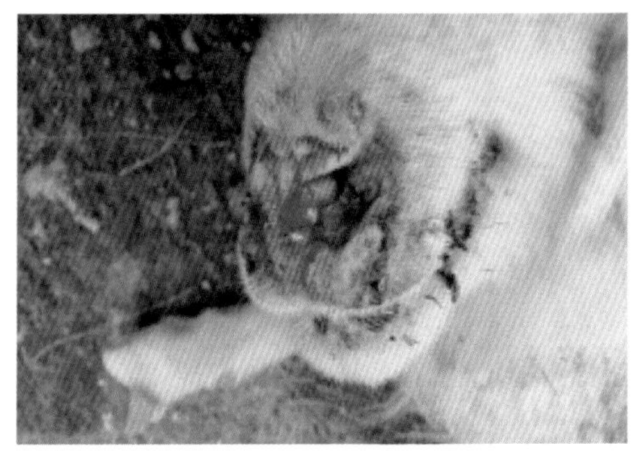

图 1　口唇及面部疱疹

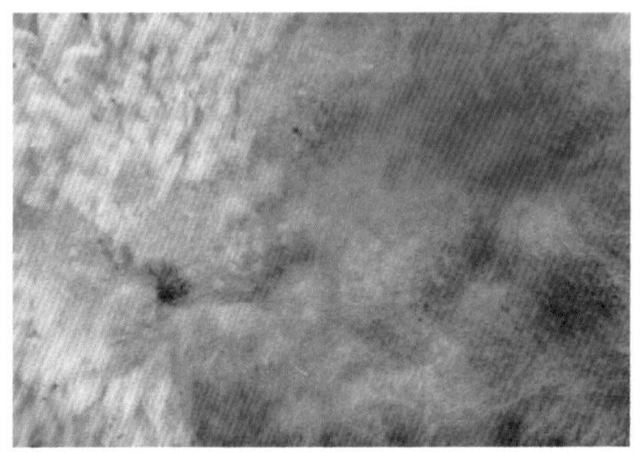

图 2　皮肤痘疹

图 3　后肢腋下皮肤黏膜出现的疱疹状痘疹

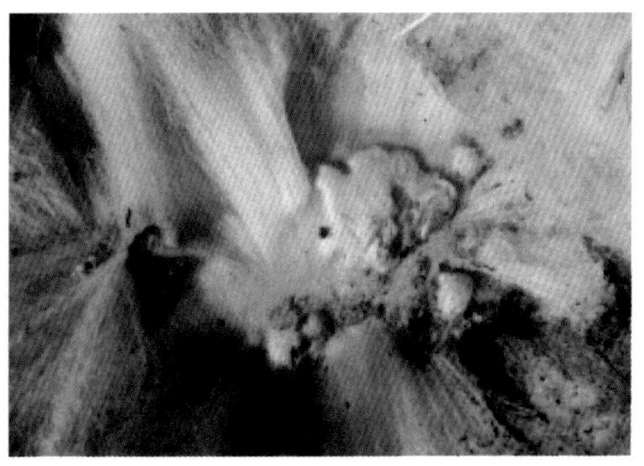

图 4　毛丛中的的疱疹状痘疹

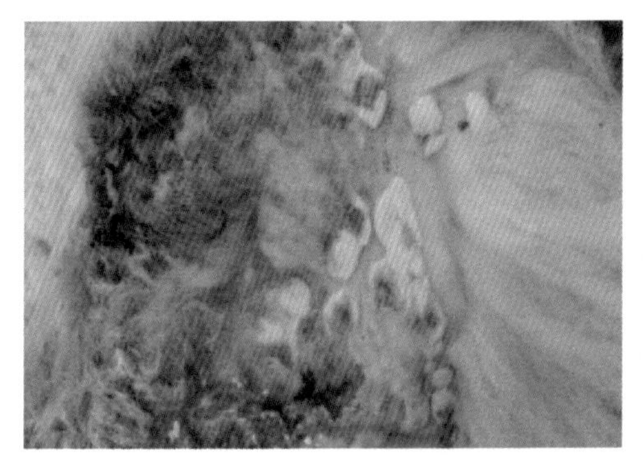

图 5　疱疹变化的过程

图 6　痊愈后患部已结痂

（五）防控措施

尚无特效治疗方法。主要以预防为主，对症治疗为辅，特别应注意控制继发感染。

饲养管理：羊圈内要经常清扫，定期消毒，通风良好，阳光充足，经常保持干燥。保证羊吃饱喝足。检疫：新引入的羊要隔离 21 天，经观察和检疫后证明完全健康的方可与原有的羊群混养，不从疫区购羊。

预防接种：羊痘鸡胚化弱毒疫苗：鸡胚苗的特征：它对绵羊的毒力显著地减弱，并且保持了优良的免疫原性。在尾内面或腋下无毛部皮内接种 0.5 mL，接种后第 4 天部分羊就可以产生免疫力，至第 6 天可全部获得坚强免疫力。免疫期可持续 1~1.5 年。羊痘组织细胞苗：对绵羊完全无害，注射动物不扩散本病，因产生免疫力快，可用于紧急接种，已广泛使用，免疫期大于 1 年。

（青海省畜牧兽医科学院　王光华　马利青供稿）

七、胸膜肺炎

（一）羊的非典型性肺炎

1. 临床症状

山羊和绵羊的非典型性肺炎，又被称为羊增生性间质性肺炎，是由绵羊肺炎支原体（M. ovipneumoniae）引起的肺炎，在我国常被简称为羊支原体性肺炎。绵羊肺炎支原体可感染所有年龄范围的绵羊和山羊，与性别无关，但 3 月龄以下羔羊易感，发病率高，但死亡率低，非疫区首次感染死亡率可升高，患病羊可耐过，但增重缓慢，影响生产效率。成年重病羊，多是羔羊期患病而没有治愈的病例。

绵羊肺炎支原体病在临床上主要表现为呼吸道症状。病羊咳嗽、呼吸急促、不耐运动、喘气，流清鼻液。后期因并发感染而流脓性鼻液，食欲减少。羔羊则生长缓慢。体温通常 39~40℃。单纯绵羊肺炎支原体感染听诊肺部有轻度啰音，以后则加重，湿性咳嗽，喷嚏，鼻腔有清亮分泌物，5~10 周后可导致严重的肺部损伤。

2. 剖解变化

剖检病变局限在肺脏，呈双侧性实变，常常是尖叶先发病，以后蔓延至心叶、中间叶和膈叶前沿。实变区域与健康肺组织界限明显，呈肉红色或暗红色，其余肺区为淡红色或深红色。有并发症者，胸腔器官有不同程度的粘连，并见肺局灶性脓肿、纤维素炎、化脓性心包炎、心外膜粗糙、心肌出血、胸腔积液、气管流出带泡沫的黏液、肺淋巴结肿大等。肺组织切片观察见支气管上皮细胞和肺泡细胞增生，管腔内有脱落的上皮细胞、淋巴细胞及少量中性细胞。血管和小支气管周围有大量淋巴样细胞积累，形成“管套”。肺实变区的肺泡和毛细血管往往形成大面积的融合性病灶。融合区周围轻度水肿，有淋巴细胞和巨噬细胞浸润，血管充盈。

3. 诊断要点（临床实践）

根据临床症状如病羊咳嗽、呼吸急促、喘气、流清鼻液等并结合病史进行初步诊断，但常需要进行剖检以与绵羊溶血性曼氏杆菌病进行区别，山羊还应与山羊传染性胸膜肺炎进行区别。该病发病羊剖检典型病变是肺脏实变，常常是尖叶先发病，以后蔓延至心叶、中间叶和膈叶前沿，实变区域与健康肺组织界限明显，呈肉红色或暗红色。若有其他细菌并发症者，还可见胸腔内肺与胸壁粘连，肺局灶性脓肿、纤维素炎、化脓性心包炎、心外膜粗糙、心肌出血、胸腔积液、气管流出带泡沫的黏液、肺淋巴结肿大。

4. 病例参考

图 1　自然感染山羊鼻腔白色分泌物

图 2　人工感染山羊鼻腔非脓性分泌物

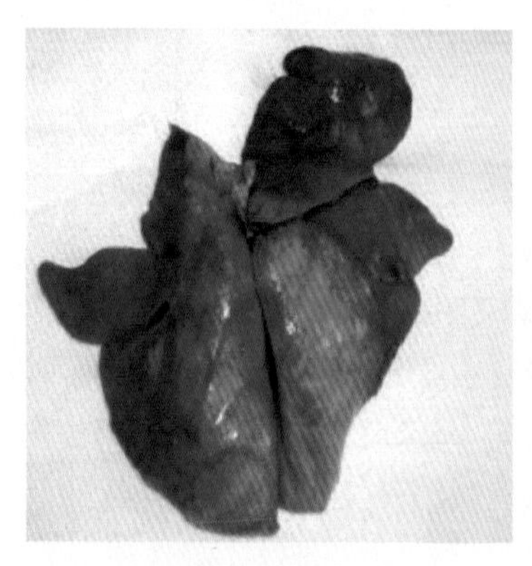

图 3　尖叶、心叶和中间叶实变，与非病变区界限明显

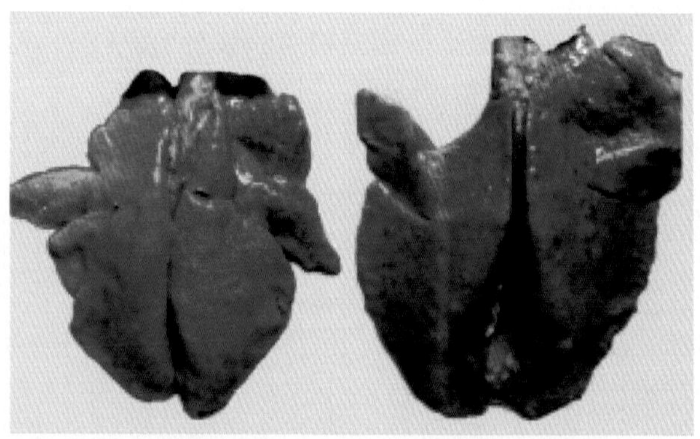

图 4　左为正常肺，右肺肿大、表面不光滑有局灶性脓肿

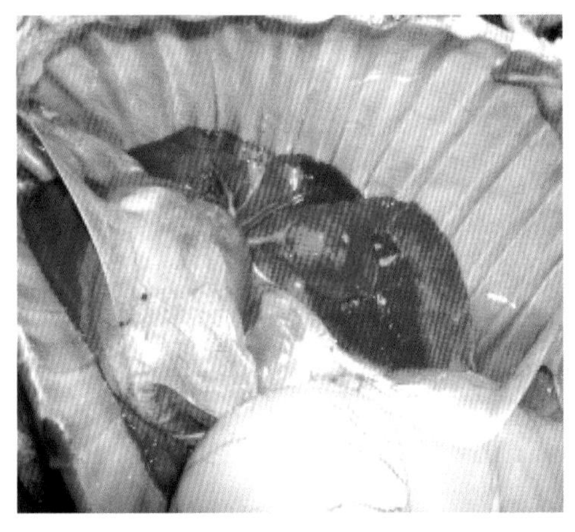

图 5　胸腔积液（马）

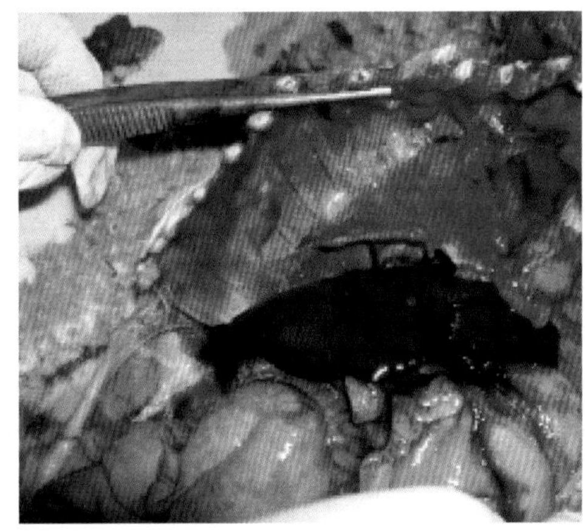

图 6　胸腔粘连（马）

5. 防控措施

（1）疫苗预防

我国常用的疫苗为绵羊肺炎支原体灭活疫苗，为乳白色乳剂，用于预防由绵羊肺炎支原体引起的绵羊和山羊霉形体性肺炎。颈侧皮下注射，半岁以下羊每只 2 mL，成年羊每只 3 mL，在 2~8 ℃，有效期为一年，屠宰前 21 天内禁止使用。免疫期一年，保护率 75%~100%。

（2）药物治疗

绵羊肺炎支原体对环丙沙星、单诺沙星、替米考星、泰妙菌素、氧氟沙星和氟苯尼考最为敏感，对泰乐菌素和林可霉素较敏感，而卡那霉素、土霉素、复方制菌磺和四环素为低敏药物，红霉素则无效。喹诺酮类药物和氟苯尼考是防治绵羊肺炎支原体感染的首选药物。

（中国农业科学院兰州兽医研究所　逯忠新　储云峰供稿）

（二）山羊接触传染性胸膜肺炎

1. 临床症状

山羊接触传染性胸膜肺炎（CCPP）是由山羊支原体山羊肺炎亚种引起的一种山羊的接触传染性疾病。该病病原体与另外三种支原体关系十分密切；丝状支原体丝状亚种（M. mycoides subsp. Mycoides），丝状支原体山羊亚种

（M. mycoides subsp. Capri）和山羊支原体山羊亚种（M. capricolum subsp Capricolum）。但不像真正的CCPP病变仅限于胸腔，后三种支原体引起的疾病通常伴随有其他的器官损伤和除胸腔外身体其他部分的病变。

CCPP的典型病例的特征是极度高热（41~43℃），感染羊群发病率和死亡率都很高，没有年龄和性别差异，而且怀孕的羊容易流产。在高热2~3天后，呼吸症状变的明显：呼吸加速，显得痛苦，有的情况下还发出呼噜声，持续性的剧烈咳嗽，口鼻流出非脓性鼻液。在最后阶段山羊不能运动，两只前脚分开站立，脖子僵硬前伸，有时候嘴里不断地流出涎液。但临床也常见不表现明显临床症状的慢些感染病例，病羊消瘦、精神沉郁和采食量下降，生长阻滞。

2. 剖解变化

急性期病变为肺和胸膜发生浆液性和纤维素性炎症，肺脏发生严重的浸润和明显的肝变，病肺实变，质硬而没有弹性，部分严重病例肺被一层渗出物包裹。肺小叶出现各期肝变、多色，呈大理石样。肺膜增厚，有的与胸壁粘连，胸腔积有数量不等的淡黄色胸水。慢性病例的肺肝变组织中常有深褐色坏死灶，肺膜结缔组织增生，常有纤维素性附着物使肺与胸壁粘连。部分急性病例的肺脏出血，有出血点或区域性出血。

3. 诊断要点（临床实践）

山羊接触传染性胸膜肺炎临床表现比较复杂，须与其他具有相似临床症状的疾病区分开来。例如，小反刍兽疫，绵羊也同样易感，巴氏杆菌病可引起大范围肺损伤、肺肿大；其他支原体如丝状支原体感染还伴有有乳腺炎、关节炎、角膜炎和败血病综合症等。对于易感山羊群来说，不分年龄与性别，由Mccp引起的疾病主要只表现呼吸道症状，不累及其他脏器，肺的组织病理特征为纤维素性渗出和肝样变，但对绵羊和牛群则无影响。与多种病原混合感染出现复杂的临床症状时，需通过实验室诊断技术进行确诊，实验室病原学诊断主要是进行病原分离和PCR特异性检测，血清学诊断可用间接血凝方法和免疫胶体金试纸条进行快速诊断。

4. 病例参考

图 1　病死羊，脖子伸直

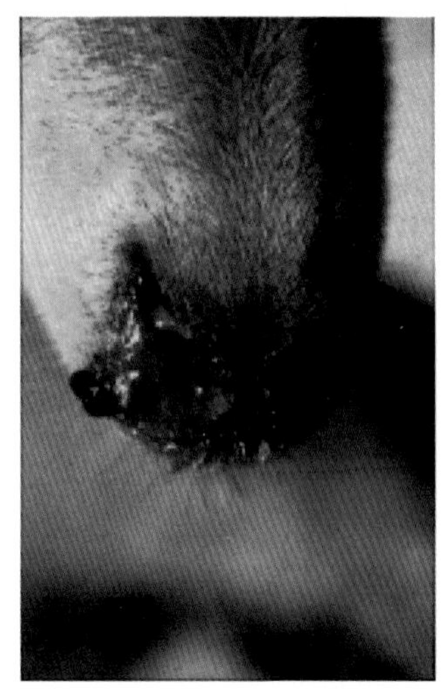

图 2　流非脓性鼻涕

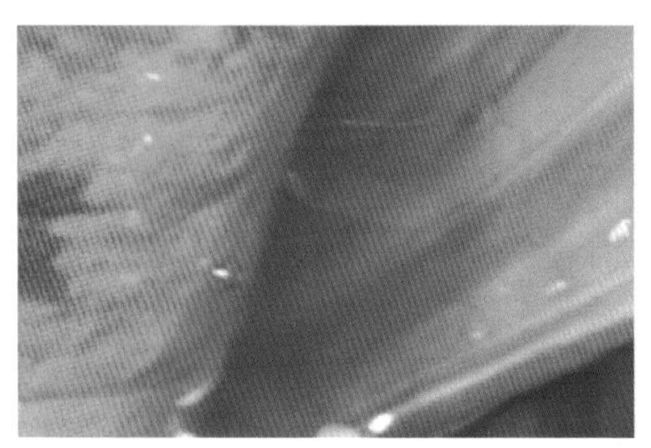

图 3　胸腔积液

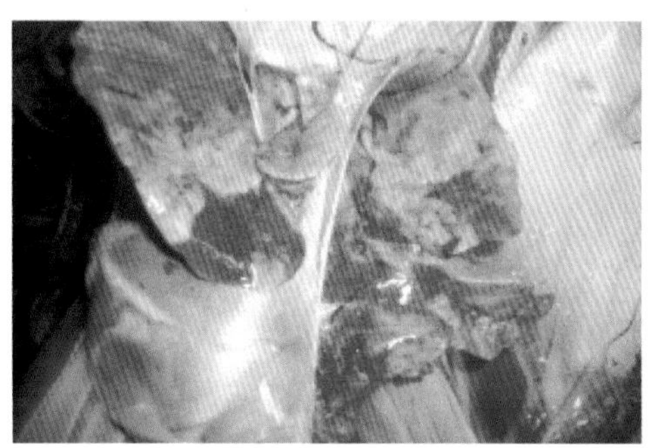

图 4　肺脏出血点和区域性出血

图 5　肺脏肝样变

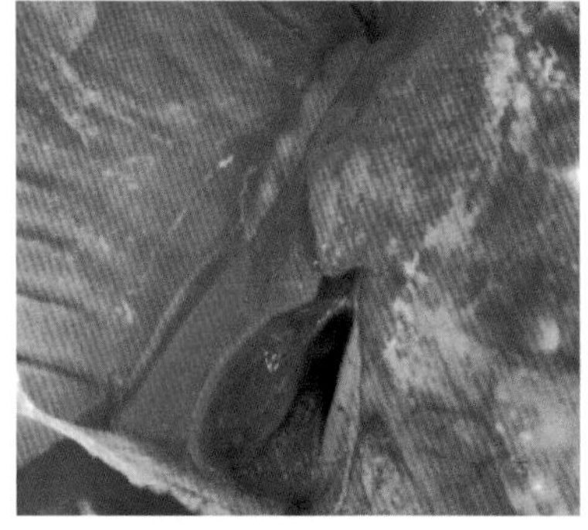

图 6　肺脏肝样变（马）

5. 防控措施

（1）疫苗预防

疫苗接种是最有效的方法，国外目前只有埃塞俄比亚生产一种皂甙灭活疫苗，在非洲部分地区应用，但无临床效力评估数据。中国农业科学院兰州兽医研究所从2009成功研制一种山羊传染性胸膜肺炎灭活疫苗（M1601株），经过临床实验和试剂应用评估，该疫苗免疫效果好，无副作用，能有效预防该病的发生，免疫持续期6个月以上。

（2）药物治疗

替米考星、支原净等具有较好的临床应用效果，大环内酯类抗生素如红霉素，四环素类如四环素、土霉素，氯霉素等也具有一定的效果，但药物治疗不能根除病原体的存在。应通过隔离病羊、消毒、疫苗和药物联合应用等综合防治措施防控该病的发生。

（中国农业科学院兰州兽医研究所　逯忠新　储云峰供稿）

八、胃肠道线虫病和肺线虫病

（一）临床症状

羊线虫病包括胃肠道线虫病和肺线虫病，是寄生于羊消化道、呼吸道内的各种线虫引起的疾病。是羊的常发多发病，病原分布广泛，种类多，感染率高，感染强度大，特别在放牧羊多为复杂的多种病原寄生虫混合感染。由于虫体的前端刺人胃肠黏膜，造成损伤，引起不同程度的发炎和出血，除上述机械性刺激外，虫体可以分泌一种特殊的毒素，防止血液凝固，致使血液由黏膜损伤处大量流失。有些虫体分泌的毒素，经羊体吸收后，可导致羊体血液再生机能的破坏或引起溶血而造成贫血。有的虫体毒素还可干扰羊体消化液的分泌、胃肠的蠕动和体内碳水化合物的代谢，使胃肠机能发生紊乱，妨碍了食物的消化和吸收，病羊呈现营养不良和一系列症状。其特征是引起贫血、消瘦、胃肠炎、顽固性下痢、水肿、咳嗽，增重减慢、产肉、产毛、产奶等生产性能下降，幼年羊发育受阻，畜产品质量下降，有时还继发病毒或细菌性疾病等，少数病例体温升高，呼吸、脉搏频数及心音减弱，最终羊可因身体极度衰竭而死亡。而突出的危害是放牧羊在春季牧草萌发之前与营养缺乏同时发生的线虫性大批虫性下痢、春乏瘦弱死亡，直接影响牧业生产发展和牧户收入，给养羊业造成了巨大的经济损失。

（二）剖解变化

剖检病变，成虫食道腺的分泌液，可使肠黏液增多，肠壁充血和增厚，呈肠黏膜的慢性炎症。幼虫阶段在小肠和大肠壁中形成结节，影响肠蠕动、食物的消化和吸收。结节在肠的腹膜面破溃时，可引起腹膜炎和泛发性粘连；向肠腔面破溃时，引起溃疡性和化脓性结肠炎。

可见尸体消瘦、贫血，内脏明显苍白，胸、腹腔内常积有多量淡黄色液体，胃和肠道各段有数量不等的线虫寄生。肝、脾呈不同程度萎缩、变形。真胃黏膜水肿，有出血点。

胃肠道线虫病的病原虫种有血矛线虫、奥斯特线虫、毛圆线虫、细颈线虫、古柏线虫，马歇尔线虫，仰口线虫，食道口线虫属等。肺线虫病虫种有网尾线

虫、原圆科各属线虫等。

（三）诊断要点

羊胃肠道线虫病和肺线虫病病原种类较多，在临床上引起的症状大多无显著特征，仅有程度上的不同。根据该病的流行病学调查、临床症状和剖检可以做出诊断，采用饱和盐水漂浮法检查消化道线虫虫卵、贝尔曼氏分离法检查粪便中肺线虫 1 期幼虫，粪便虫卵检查可以了解本病的感染强度，作为防制的依据；在条件许可的情况下，必要时可进行粪便培养，检查第三期幼虫；对死羊或病羊采用寄生虫学蠕虫学剖检法检查胃肠道线虫和肺线虫成虫，水浴法检查胃肠道线虫和肺线虫寄生阶段幼虫可以确诊。

该病有明显的季节性和地区性。线虫成虫和寄生阶段幼虫、虫卵总的规律是寄生阶段幼虫 8~12 月份逐月升高，并于 5~6 月份达全年最高峰，冷季寄生阶段幼虫在羊体内占优势，暖季成虫占优势。冬季是幼虫寄生高潮期，春季是成虫高潮期。在冬季幼虫高峰前的相当一段时间里，幼虫荷量逐月升高。由此可以看出，形成羊只春季毛圆科线虫寄生高潮的幼虫，主要是在漫长的秋季和早冬季节陆续进入羊体，由于种种原因发育迟缓而逐渐积累，形成明显的冬季幼虫寄生高潮。这批幼虫在来年春季大多数又重新恢复发育，从而出现羊体内春季成虫荷量的急剧升高，即春季成虫高潮，揭示了线虫病春季成虫高潮来源。

用土源性线虫生活史示意图说明该类病的基本过程，L_1 为线虫 1 期幼虫；L_2 为线虫 2 期幼虫；L_3 为线虫 3 期幼虫。

羊胃肠道线虫在发育过程中，不需要中间宿主。其生活史如图 1 所示。

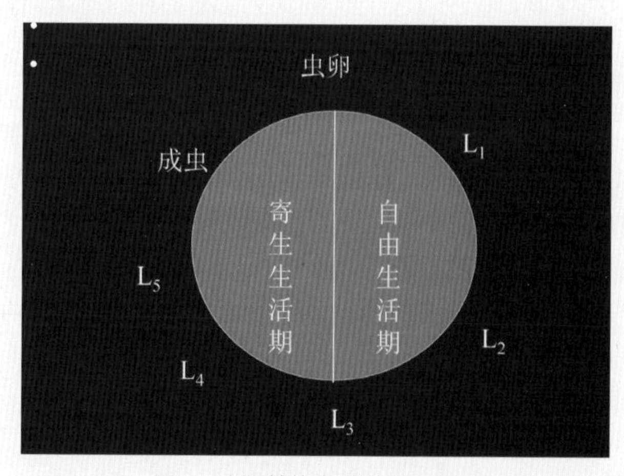

图 1　土源性线虫生活史示意图

（四）病例参考

图2　实验室检查羊胃肠道线虫虫卵

图3　反复沉淀法检查羊胃肠道线虫

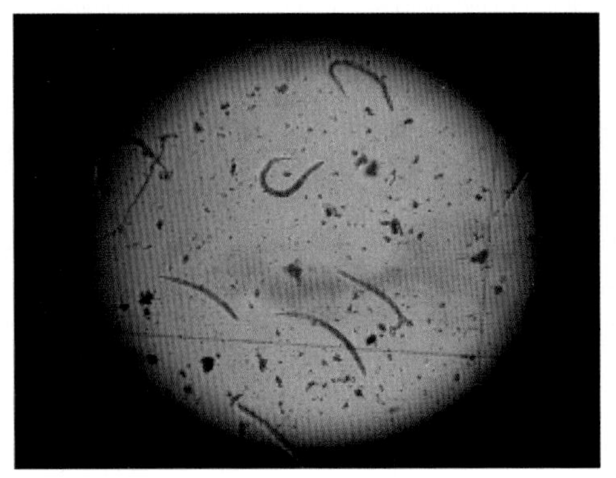
图4　显微镜检查肺线虫幼虫图

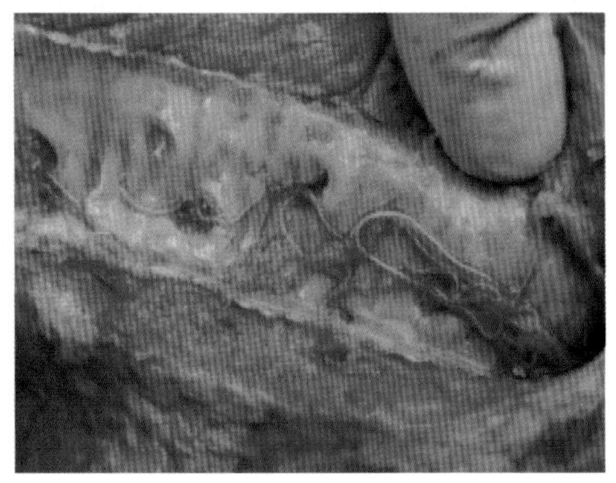
图5　剖检出寄生于羊细支气管中的肺线虫

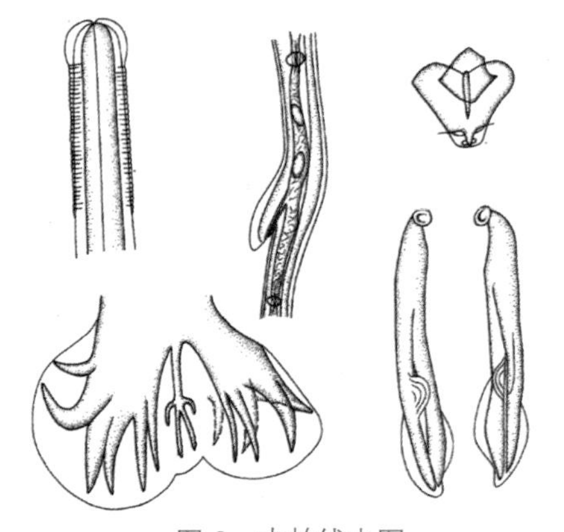
图6　古柏线虫图

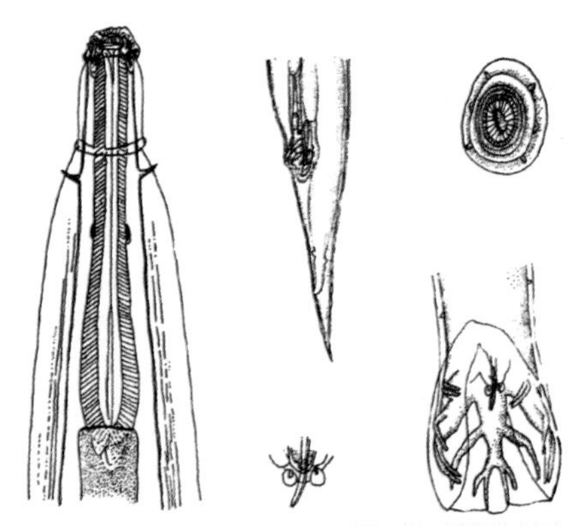
图7　食道口线虫图

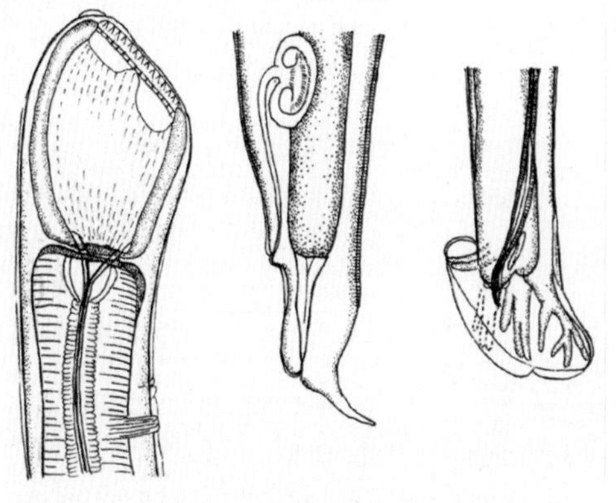

图 8　夏柏特线虫

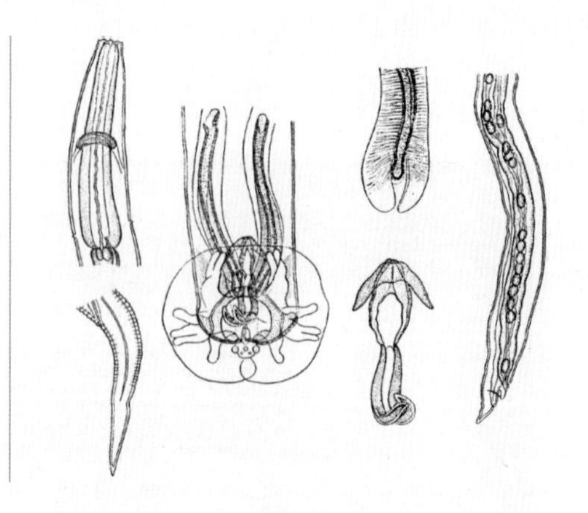

图 9　原圆线虫图

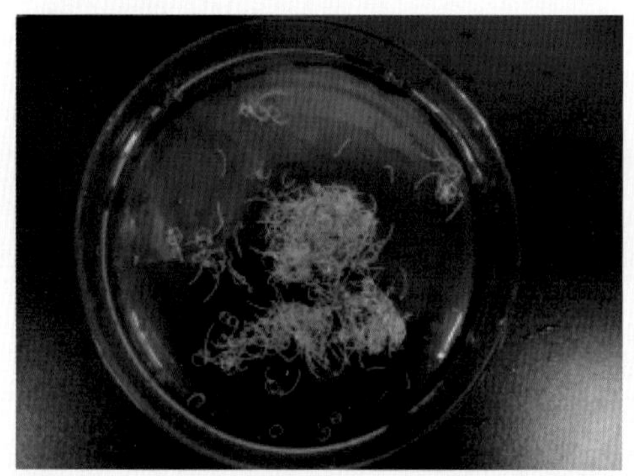

图 10　从盲肠检出的鞭虫

图 11　从大肠检出的食道口线虫

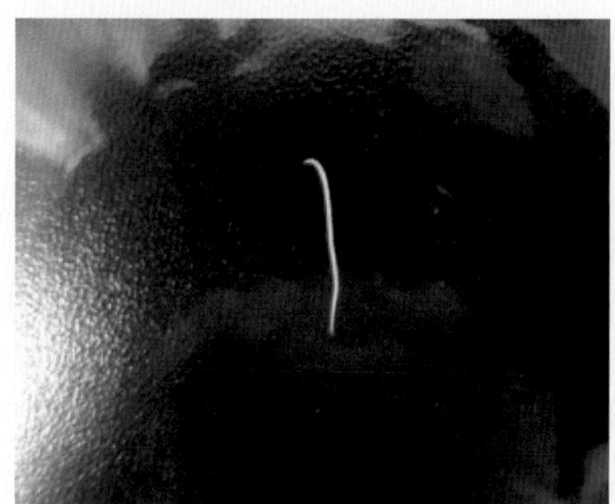

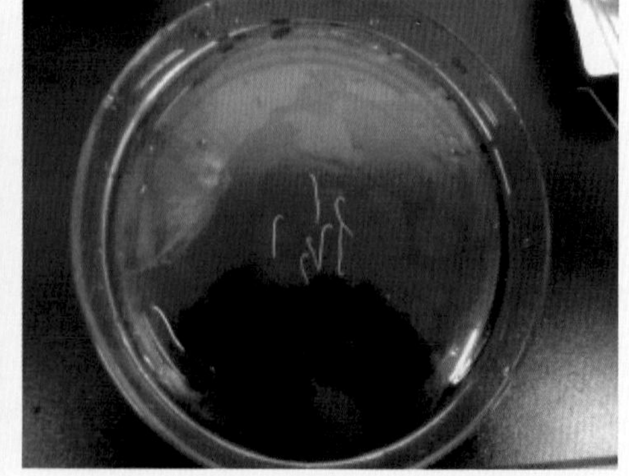

图 12　从大肠检出的食道口线虫

（五）防控措施

采取包括加强营养、提高抵抗力；加强圈舍、草场、饮水源卫生管理等环境控制，粪便无害化处理，应用有效药物计划性驱虫等综合性防治措施。

1. 放牧和饮水卫生

应避免在低湿的地方放牧；不要在清晨、傍晚或雨后放牧，尽量避开幼虫活动的时间，以减少感染机会；禁饮低洼地区的积水或死水。

2. 加强粪便管理

将粪便集中在适当地点进行生物热处理，消灭虫卵和幼虫。

3. 计划性驱虫

按因地制宜原则，根据当地羊消化道线虫病流行规律作出驱虫规划，一般冬、秋或春、秋季各进行一次驱虫。可供选用的驱虫药物如下；

阿苯达唑（丙硫苯咪唑）：推荐剂量 10~15 mg/kg；

硫苯咪唑：推荐剂量 7.5~10 mg/kg；

奥芬达唑：推荐剂量 7.5~10 mg/kg；

伊维菌素：注射剂 0.2 mg/kg 剂量皮下或肌肉注射；

片剂、胶囊剂 0.2~0.3 mg/kg 剂量经口投服；

浇泼剂 0.4~0.5mg/kg 剂量背部皮肤浇泼给药。

（青海省畜牧兽医科学院　蔡进忠供稿）

九、羔羊疾病

（一）羔羊神经病

1. 临床症状

（1）急性出生后突然发病

也有出生后十多天引起长势良好的羔羊突然发生神经症状，快的1~2小时内即倒毙。羔羊呼吸急促，是呼气性呼吸困难，有吞咽空气的动作，磨牙吐沫，全身痉挛，角弓反张，四肢供给失调，倒地抽搐。这样的神经症状反复发作，持续时间逐渐拉长，间隔时间逐渐缩短，由于阵发频繁，胃内产生过量气体，并迅速膨胀，使羔羊窒息而死。

（2）亚急性

生后1~2天发病，病初精神不振，低头流涎，牙关禁闭，站立不稳，呼吸迫促。不久便发生以神经症状为主的一系列表现；全身肌肉震颤，意识丧失，视力障碍，行走时无知觉，牙关齿不停磨嚼，口吐白沫，常做吞咽空气的动作，头摇晃，眨眼，有时头弯向一侧，体躯往后坐，四肢供给失调，常摔倒在地上抽搐，四肢乱蹬，口热，舌色深红，眼结膜呈树枝状充血。

体温一般无变化，若继发肺炎，则体温升高至41℃左右，呼吸快，每分钟达60次，心跳每分钟160次。肠蠕动音消失，便秘，发作时常排少量尿液。这样的全身症状持续3~5分钟停止。病羊疲惫不堪，卧于暗处。间隔十几分钟或稍长一些时间又再发作。由于发作持续时间延长，间隙时间缩短，终因体内代谢极度紊乱，胃内产生过量气体 使胃前移，压迫胸腔而使羔羊窒息死亡。

2. 剖检变化

血液凝固不良，呈暗红色。心内外膜均有大小不等的出血斑点或斑块。肝呈黄色如熟肉样，表面有淤血斑和粟粒大小的白色坏死病灶，切面有出血，边缘略肿，质脆。胆囊不肿大。脾有出血点，肾表面呈黄色，有弥漫性出血点和树枝状充血，肾髓质肿胀时呈深红色，有出血点。胃内充满大量气体，壁极薄，黏膜脱落，并有大片弥漫性出血区和陈旧性出血斑。肠内容物呈淡黄色，有少量气体及肠黏膜局部充血。脑硬膜有出血点，脑血管怒张，髓腔中硬膜充血 ，出血。

3. 诊断要点

根据临床症状，一般不难做出初步诊断。但是要确诊病因，需要进行牧草在不同生长季节营养成分测定，病健羔羊血中维生素络合物和血钙含量的测定等。在鉴别诊断上，该病易与魏氏梭菌感染，胎粪不下，尿结及其他疾病所继发的神经症状相混淆，继发性病例有原发病症状，且在病的后期才出现神经症状。而该病一经发生，即显神经症状，魏氏梭菌感染有广泛的传染性，下痢腹泻。发作时无吞咽空气的动作。濒死前胃扩张，剖检肠道有严重的充血，出血炎症。

4. 病例参考

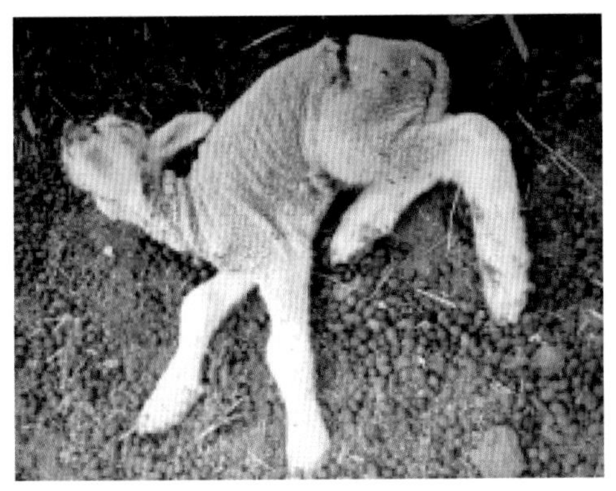

图 1　角弓反张

图 2　间歇性抽风

图 3　发作时头颈偏向一侧

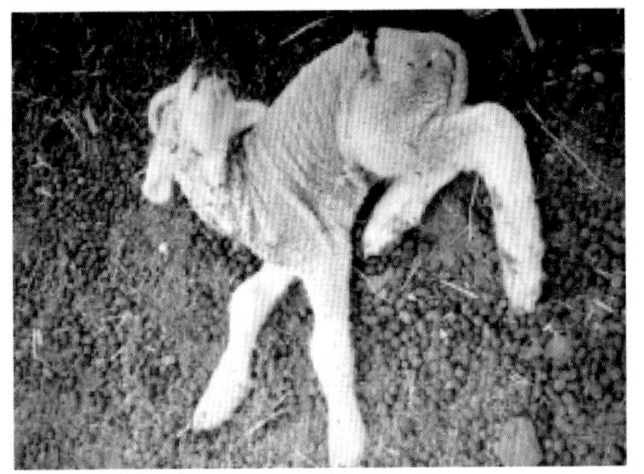

图 4　发作时头颈偏向一侧，四肢僵直

5. 治疗

（1）治疗原则

一旦发现该病，应及早治疗，治疗及时绝大多数病羊可以痊愈，康复后不留后遗症。治疗不当或延误了最佳治疗时间，则多死亡。

（2）治疗方法

可选用复合维生素 B_1、鱼肝油丸及羔羊“神经病注射液”等药物和制剂进行治疗。

6. 预防

（1）本着缺啥补啥的原则

给妊娠后期的母羊补喂适量多汁饲料和青干草。条件地方可喂少量精料，并补充维生素 B，以增强母羊体质，保证胎儿生长发育之所需。

（2）初生羔羊的药物预防

药物预防是一种行之有效的方法。青海省畜牧兽医科学院研制的“消维康”口服液，对预防羔羊神经病、腹泻、消化不良、呼吸道和尿路感染有显著效果。

（青海省畜牧兽医科学院　叶成玉　马利青供稿）

（二）羔羊白肌病

1. 临床症状

亦称肌营养不良症，是伴有骨骼肌和心肌变性，并发生运动障碍和急性心肌坏死的一种微量元素缺乏症。其临床特征为，生后数周或 2 个月后发病。患病羔羊拱背，四肢无力，运动困难，喜卧地。死后剖检骨骼肌苍白，营养不良。

2. 剖解变化

主要是两侧肌肉发生对称性病变，后肢尤其明显，臂二头肌，三头肌，肩胛下肌，股二头肌及胸下锯肌等处肌肉呈弥散或局限性浅黄色、灰黄色或白色；肌肉组织干燥，表面粗糙，心肌略带灰色，较柔软，心包中有透明的或红色积液。

3. 诊断要点

病羔精神不振，运动无力，站立困难，卧地不愿起立；有时呈强直性痉挛，随即出现麻痹、血尿；死亡前昏迷，呼吸困难。有的羔羊病初不见异常，往往于放牧时由于受到剧烈运动或过度兴奋而突然死亡。该病常同群发病，应用其他药物治疗，不能控制病情。

4. 病例参考

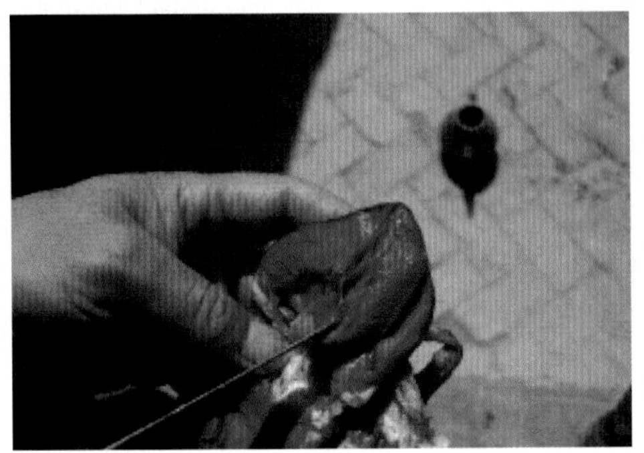

图 1　心脏尖部包膜很薄

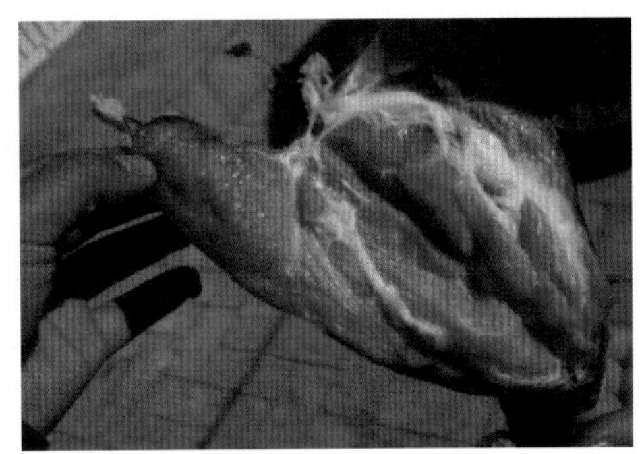

图 2　患白肌病的肌肉组织

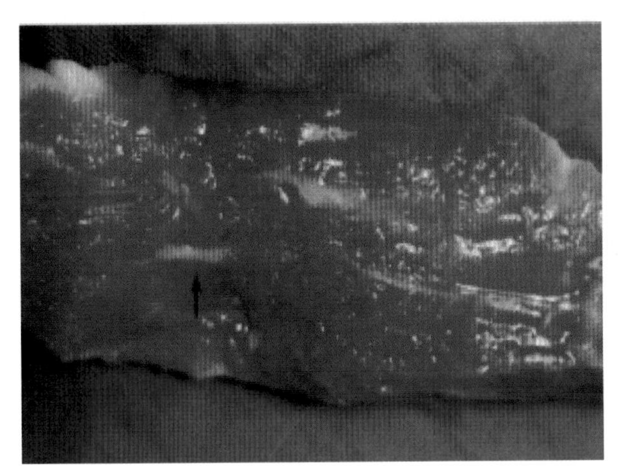

图 3　患白肌病的肌肉纤维

5. 防控措施

应用硒制剂，如 0.2% 亚硒酸钠溶液 2 mL，每月肌内注射 1 次，连用 2 次。与此同时，应用氯化钴 3 mg、硫酸铜 8 mg、氯化锰 4 mg、碘盐 3 g，加水适量内服。如辅以维生素 E 注射液 300 mg 肌肉注射，则效果更佳。加强母畜饲养管理，供给豆科牧草，母羊产羔前补硒，可收到良好效果。

（青海省畜牧兽医科学院　叶成玉　马利青供稿）

（三）羔羊消化不良

1. 临床症状

（1）单纯性消化不良

病羔精神不振，喜躺卧，食欲减退或废绝，可视黏膜发紫，体温一般正常或低于正常。粪便呈粥状或水样，灰绿色，混有气泡和白色小凝块，肠音高朗，并有轻度膨胀和腹痛现象，心音增强、心率增快，呼吸加快。当腹泻不止时，皮肤干皱、弹性减低，被毛蓬乱、失去光泽，眼窝凹陷，严重时站立不稳，全身战栗。

（2）中毒性消化不良

羔羊精神沉郁，目光呆滞，食欲废绝，全身无力，躺卧于地，体温升高，全身震颤，有时出现短时间的痉挛，腹泻，频排水样稀粪，粪便内含有大量黏液和血液，并呈现恶臭或腐败气味。持续腹泻时，肛门松弛，排粪失禁。皮肤弹性降低，眼窝凹陷，心音减弱，心率增快，呼吸浅快。病至后期，体温多突然下降，四肢、耳尖、鼻端厥冷，终致昏迷死亡。单纯性消化不良时，粪便内由于含有大量低级脂肪酸，故成酸性反应，中毒性消化不良时，由于肠道内腐败菌的作用致使腐败过程加剧，粪便内氨气的含量显著增加。

2. 剖解变化

胃内约有鸡蛋或核桃大的数个淡黄色乳凝块，质地坚硬，轻压不松散，肠内空虚或有淡黄色稀便，易积尿，胃、小肠及大肠黏膜易脱落，其他器官未见异常。

3. 诊断要点

根据发病症状和剖检变化来确诊。

4. 病例参考

图 1　因消化不良引起羔羊的腹泻

图 2　因消化不良引起羔羊的死亡

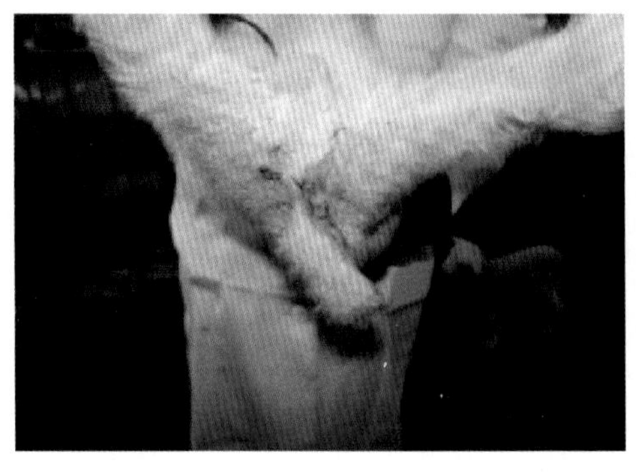

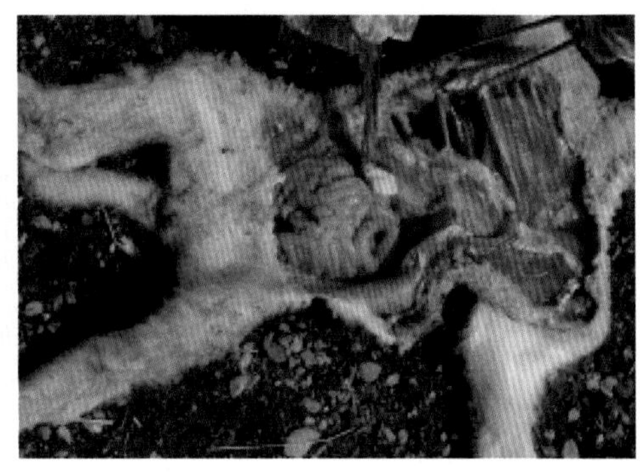

图 3　消化不良引起羔羊肛门周围粘连没有消化的乳黄色粪便

图 4　羔羊瘤胃中有大量没有消化的奶结

5. 防控措施

（1）预防

改善饲养管理，加强护理，注意卫生。加强妊娠羊的饲养管理：保证妊娠羊获得充足的营养物质，特别是在妊娠后期，应增喂富含蛋白质、脂肪、矿物质和维生素的优质饲料；改善妊娠母羊的卫生条件，经常刷拭羊体，哺乳母羊应保持乳房清洁，并保证适当的舍外运动。注意对羔羊的护理：保证新生羔羊能尽早吃到初乳，最后能在生后 6 小时内摄入不低于体重 5% 重量的优质初乳。对体质孱弱的羔羊，初乳应采取少量多次的人工哺乳，人工哺乳应定时、定量。且应保持适宜的温度，羊舍应保持温暖、干燥、清洁，防止羔羊受寒；羊舍及围栏周围应定期消毒，垫草应经常更换，粪尿及时清除。羔羊的饲具，必须经常洗刷干净，定期消毒。

（2）治疗

首先，将患病羊置于干燥、温暖、清洁的羊舍或围栏内，加强哺乳母羊的饲养管理，给予全价饲料，保持乳房卫生。为缓解胃肠道的刺激作用，可施行饥饿疗法，禁乳 8~10 小时。此时可饮盐酸水溶液（氯化钠 5g、33% 盐酸 1 mL，凉开水 1 000 mL）或饮温红茶水，每日 3 次。为排出胃肠内容物，对腹泻不严重的羔羊，可应用油类泻剂或盐类泻剂进行缓泻。为防止肠道感染，特别是对中毒性消化不良的羔羊，可肌肉注射链霉素（每千克体重 10 mg）、卡那霉素（每千克体重 10~15 mg）、头孢噻吩（每千克体重 10~20 mg）、庆大霉素（每千克体重 1 500~3 000 U）、痢菌净（每千克体重 2~5 mg）。内服磺胺脒（每千克体重 0.12 g）、磺胺间甲氧嘧啶（每千克体重 50 mg）等。为控制肠内发酵、腐败过程，可选用乳酸、鱼石脂、萨罗、克辽林等反腐制酵药物。当腹泻不止时，

可选用明矾、鞣酸蛋白、次硝酸铋、颠茄酊等药物 。为防止机体脱水，保持水盐代谢平衡，病初可给羔羊饮用生理盐水 50~1 000 mL，每日 5~8 次。亦可用 10% 葡萄糖注射液或 5% 糖盐水 50~100 mL，静脉或腹腔注射。为提高机体抵抗力和促进代谢功能，可实行血液疗法。皮下注射 10% 柠檬酸钠贮存血或葡萄糖柠檬酸钠血（血液 100 mL，柠檬酸钠 2.5 g，葡萄糖 5 g，灭菌蒸馏水 100 mL，混合制成），每千克体重 0.5~1mL，间隔 1~2 日注射 1 次，每次可增量 20%，每 4~5 次为 1 个疗程。中药疗法：党参 30g、白术 30g、陈皮 15g、枳壳 15g、苍术 15 g、地榆 15 g、白头翁 15 g、五味子 15 g、荆芥 30 g、木香 15 g、苏叶 30 g、干姜 15 g、甘草 15 g、加水 1000 mL，煎 30 分钟，后加开水 1 000 mL。每只羔羊 30 mL，每日 1 次，用胃管投服。

附：羔羊奶结（新生羔羊真胃积食）

羔羊出生后护理不当，饥饱不均，吃奶过多 而运动不足及气候的剧烈变化，可使交感神经的应激性增高，同时引起幽门痉挛。

症状：①病初羔羊表现不安、哞叫，之后精神倦怠，弓腰缩颈，耳鼻发凉，口有黏涎，食欲减废；后期卧地不起，头弯向一侧。②触诊腹部可摸到第四胃内积聚的奶块，如红枣或鸡卵大，数量一至数个不等，病程 1~3 天，若不及时治疗，多数死亡。

治疗：①中药以消食导滞，调理脾胃为主。例如，醋香附 60 克、土炒陈皮 24 克、三棱 9 克、炒麦芽 30 克、炙甘草 15 克、砂仁 15 克、党参 14 克共研末，每只羊每次 2 g，开水冲调成糊状，候温灌服。每日 2~3 次。若奶块较大者，应小心于体外触碎奶块，再服上药。②西药可用麦芽粉 3 克、胃蛋白酶 0.3 克、酵母片 0.6 克、稀盐酸 1 克，加水少许灌服（如方内加鸡内金 1.5 克、山药 4 克效果更好）。

（青海省畜牧兽医科学院　马利青　李秀萍供稿）

十、微量矿物元素中毒、缺乏综合征

（一）铜缺乏症

1. 临床症状

铜缺乏症发生于土壤缺乏铜的地区，其特征是：成年羊影响毛的生长；羔羊发生地方流行性共济失调和腰摆病。成年羊的早期症状为：全身黑毛的羊失去色素，而产生出缺少弯曲的刚毛。典型症状为衰弱、贫血、进行性消瘦。通常均发生结膜炎，以致泪流满面。有时发生慢性下痢。严重病羊所生的羔羊不能站立，如能站立，也会因运动共济失调而又倒下，或者走动时臀部左右摇摆。有时羔羊一出生就很快发生死亡。不表现共济失调的羔羊，通常也很消瘦，难以肥育。

2. 剖解变化

在共济失调的羔羊，其特征性变化为：脑髓中发生广泛的髓鞘脱失现象，脊髓的运动径有继发变性。脑干变化的结果，造成液化和空洞。病羊血中的铜含量很低，下降到 0.1~0.6 mg/L。羔羊肝脏含铜量在 10 mg/kg 以下。

3. 诊断要点

主要根据症状、补铜后疗效显著及剖检进行诊断。单靠血铜的一次分析，不能确定是铜缺乏，因为血铜在 0.7 mg/L 以下时，说明肝铜浓度（以肝的干重计）在 25mg/kg 以下，但当血铜在 0.7 mg/L 以上时，就不能正确反映肝铜的浓度。

4. 病例参考

图 1　不能正常站立

图 2　跟不上羊群

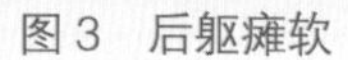

图3 后躯瘫软

图4 犬坐姿势

5. 防控措施

绵羊对于铜的需要量很小，每天只供给5~15mg即可维持其铜的平衡。如果给量太大，即储存在肝脏中而造成慢性铜中毒。因此，铜的补给要特别小心，除非具有明显的铜缺乏症状外，一般都不需要补给。为了预防铜的缺乏，可以采用以下几种方法：

（1）最有效的预防办法

每年给牧草地喷洒硫酸铜溶液。给舔盐中加入0.5%的硫酸铜，让羊每周舔食100 mg，亦可产生预防效果。但如舔食过量，即有发生慢性铜中毒的危险，必须特别注意。

（2）灌服硫酸铜溶液

成年羊每月一次，每次灌服3%的硫酸铜20 mL。1岁以内的羊容易中毒，不要灌服。当在将产羔的母羊中发现第一只出现步态不稳的症状时，如果给所有将产羔母羊灌服硫酸铜1 g（溶于30 mL水中），于1周之后即可能防止损失。产羔前用同样方法处理2~6天，即可防止羔羊发病。

（青海省畜牧兽医科学院　马利青　蔡其刚供稿）

（二）慢性氟中毒

1. 临床症状

动物高氟的饲料、饮水中或氟化物药剂后引起的中毒性疾病，前者多引起慢性（蓄积性）中毒，通常称为氟病，以牙齿出现氟斑、过度磨损、骨质疏松和形成骨疣为特征；后者主要引起急性中毒，以出血性胃肠炎和神经症状为特征。

2. 剖解变化

急性氟中毒羊反刍停止，腹痛。腹泻，粪便带血液、黏液；呼吸困难，敏感性增高，抽搐，数小时内死亡。慢性中毒羊表现为氟斑牙，门齿、臼齿过度磨损，排列散乱，咀嚼困难，骨质疏松，骨骼变形疣形成，间歇性跛行，弓背和僵硬等症状。

3. 诊断要点

急性中毒羊常表现为出血、坏死性胃肠炎和实质器官的变质；慢性中毒羊的特征病变为门齿松动，间隙变宽，磨损严重，形成氟斑牙，骨骼变形，骨质疏松等。

4. 病例参考

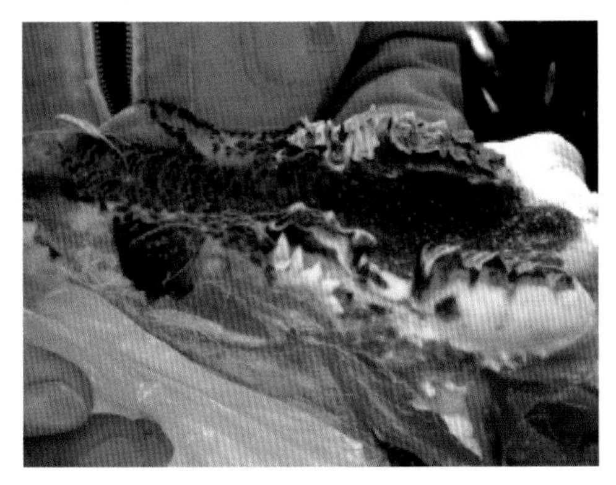

图 1　羊的牙齿磨损严重

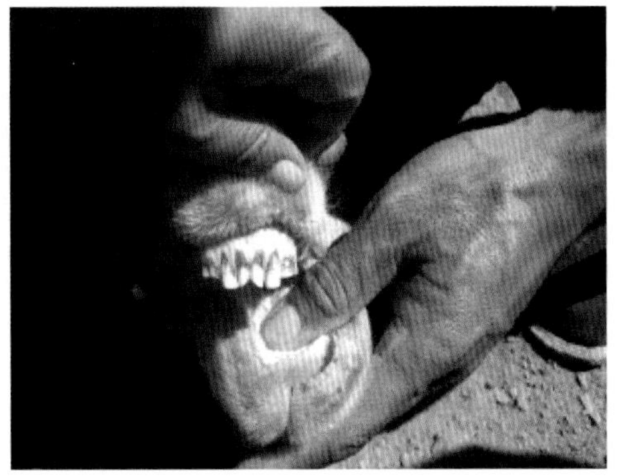

图 2　羊的门牙间隙变宽、骨质疏松

5. 防控措施

（1）预防

①消除氟污染或离开氟污染环境。

②在低氟牧场与高氟牧场实行轮牧。

③日粮中添加足量的钙和磷。

④防治环境污染。

⑤肌肉注射亚硝酸钠或投服长效硒缓释丸，对预防山羊的氟中毒有较好的效果。

（2）治疗

对急性中毒者可催吐，用0.5%氯化钙洗胃，同时静脉注射葡萄糖酸钙，并配合应用维生素 C、维生素 D 和维生素 B_1 等，慢性氟中毒目前尚无完全康复的治疗办法，应让病畜及早远离氟源，并供给优质牧草和充足的饮水，临床上每天补充硫酸铝、氯化铝和磷酸钙等，也可以静脉注射葡萄糖酸钙。

（青海省畜牧兽医科学院　马利青　王戈平供稿）

参考文献

谢庆阁．口蹄疫．北京：中国农业出版社，2004. 5.

杨学礼，等．羊衣原体性流产的研究：流行病学调查．兽医科技杂志，1981，(7):13-14.

邱昌庆．畜禽衣原体病及其防治，北京：金盾出版社，2008.

李冕，尹昆，闫歌．弓形虫病的诊断技术及其研究进展．中国病原生物学杂志．2011，6（12）：942-944.

郭晗，储岳峰，赵萍，等．山羊支原体山羊肺炎亚种甘肃株的分离及鉴定 [J]. 中国兽医学报，2011，3:352-356.

储岳峰，赵萍，高鹏程，等．从山羊中检测山羊支原体山羊肺炎亚种 [J]. 江苏农业学报，009，6: 1442-1444.

逯忠新．羊霉形体病及其防治 [M]. 北京：金盾出版社，2008.

张乃生，李毓义．动物普通病学 [M]. 第二版．北京：中国农业出版社，2011.

杨升本，刘玉斌，苟仕途，廖延雄．动物微生物学 [M]. 长春：吉林科学出版社，1995.

黄有德，刘宗平．动物中毒与营养代谢病学 [M]. 第一版．兰州：甘肃科学技术出版社，2001.

刘宗平．现代动物营养代谢病学 [M]. 北京：化学工业出版社，2003.

李光辉．畜禽微量元素疾病 [M]. 合肥：安徽科学技术出版社，1999.

责任编辑 闫庆健
封面设计 孙宝林 高 鋆

ISBN 978-7-5116-1862-7
9 787511 618627 >
定价：19.80元

十大蛋鸡病诊断及防控图谱

张小荣　主编

中国农业科学技术出版社